Linearity,
Eigenvalue, Tensor

線形性・固有値・テンソル

〈線形代数〉応用への最短コース

Keisuke Hara
原 啓介

講談社

まえがき

本書の目的は，数学の非専門家を対象に，線形代数のエッセンスをできるだけ簡潔に解説することです．

線形代数と微積分は数学の基礎であり，応用上も強力な道具です．私が学生の頃に指導していただいた先生が言うには，「線形代数と微積分が本当にわかっていれば，数学の研究ができる」，とのことでした．これは半分は自慢話でしょうし，「本当に」のところに強調があるわけですが，真実も含んでいるように思います．つまり，どこでも使えて役に立つ，ナイフのような道具は線形代数と微積分だ，ということでしょう．

例えば，あなたは統計学に，または機械学習に，興味を持って勉強しているとしましょう．数学はかなり得意で微積分の計算はよくわかっているつもりなのに，ところどころ漠然として，自信を持って内容を理解できず，またその内容を応用できる気もしない．

その理由の多くは，多変数 (多次元) の扱いがきちんとわかっていないこと，線形性の考え方がわかっていないことの，二点にあるのではないでしょうか．一言で言えば，ちゃんと線形代数がわかっていないのです．

このことに自分でも気づいているので，「いつか時間があったら，線形代数を勉強し直したい」と思い，大学一年生のときの教科書をひっぱり出してくるのですが，色々なことがたくさん書いてあって挫折してしまう．本書はまさに，このような方を対象に書きました．

そのため本書では，線形代数の本質に集中して解説しているので，「線形代数」の授業や一般的な教科書では扱われている多くの概念に触れていません．例えば，連立 1 次方程式を行列の掃き出しで解く方法，逆行列や階数を基本変形で求める方法，行列式の様々な性質とその計算の仕方，このどれも書かれていません．

もちろん，このような内容は大事ですし，すらすら計算できないことには講義の単位が取れないとは思いますが，本書の目的ではないと判断しました．そして，本書の主要なテーマとして，「線形性，固有値，テンソル」の 3 つ，特に線形性と固有値の 2 つに集中することにしました．

これによって本書のストーリーはほぼ一本道になっています．つまり，線形空間を定義して必要な性質を準備し，その線形空間の間の線形写像を定義して必要な性質を準備し，その線形写像を固有値を用いて分解することで調べます．

実際，本書を執筆する上で，一番考えたことは，「何を書かないか」でした．しかし，書いたことについては，できる限り明晰に，論理のギャップがないように書きました．

例えば，本書ではほとんどすべての命題に証明をつけました．初歩の線形代数での証明はほとんどすべて，やさしくて短い，ということもありますが，線形代数のエッセンスはその論証ロジックにもある，と考えたからです．

つまり，少なくとも線形性，固有値，テンソルの入門的部分については，単なるイメージ的な理解ではなく，隙なく根底からわかった，と思っていただけることを目指しました．「線形代数を勉強し直したい」という方々の本当の気持ちは，単に必要な知識を身につけたいのではなくて，実は，数学そのものをしっかり一から勉強したいのではないでしょうか．

本書の内容は以下のようになっています．第 0 章は準備の章で，2×2 行列のおさらいと，線形代数を抽象的に学ぶための基礎知識の整理です．

第 1 章では「線形性」のパート 1 として，ベクトルとは何かを定義します．ベクトルとは線形な演算が定義された集合，すなわち線形空間の元ですから，線形空間を定義することになります．さらにその部分空間や，部分空間の和や直和を考えます．これらはあとで線形写像を「分解」するための基礎になります．

第 2 章では「線形性」のパート 2 として，線形空間の間の線形写像を定義し，一般的な性質を調べます．線形写像を成分で表示したものが行列なので，ここで行列が導入されることになります．

そして第 3 章では，線形写像にどのようなものがありうるかを，固有値を通して調べ，線形写像の分解に到達します．本書では行列式をほとんど使わず，線形写像の一般論だけでこれを導きます．この方針は Axler [9] に従ったもので，現状ではやや極端な方法かもしれませんが，本書の方針にはふさわしいと判断しました．

第 4 章はテンソルについて学びます．だいたい線形代数の教科書では，テンソルについておざなりに済ませることが多いのですが，本書では目玉の 1 つとして，かなり詳しくテンソルを解説しました．本書のような初歩的な解説書で，テンソル代数まで書いてある本はあまりないと思います．

第 5 章は内積について解説します．線形代数を応用する上では，多くの場合，長さや角度，特に直交の概念などが必要になりますが，本来の線形空間にはこれらの概念はありません．このような「計量」の仕組みは，内積によって導入されるものです．本章ではノルムと内積を導入し，正規直交基底の備わった空間特有の議論を扱います．

第 6 章は，第 5 章までと違って，気楽なお話の章です．線形代数を学ぶと，どういう世界が開けていくのか，解析，幾何，代数，応用的な数学の 4 節に分けて，それぞれからいくつかずつ例を挙げました．この章は，どうして線形代数を勉強し直したいのか，というモチベーションを高めるために読んでもらっても結構ですし，また，第 5 章までの厳密な議論に疲れたときの休憩の一服として読んでいただいてもよいと思います．

私にとって，線形代数の本を書くということは，大きなチャレンジでした．理論と応用の両面で線形代数に興味のある方々，また，数学に興味を持ち，また数学を勉強し直してみたい，という奇特な方々に，少しでもお役に立てれば幸甚です．

原 啓介

2019 年 小石川にて

目次

第 **0** 章

準備：2×2 行列と基本事項

この章では一般的な線形代数に向けての準備として，2 次元のベクトルと 2×2 行列について概観し，また，集合，写像，複素数など，次章から必要となる基本事項を確認する．

0.1 2×2 行列のおおよそすべて

この節では，2 次元のベクトルと 2×2 行列だけを用いて，線形代数の一通りを眺める．本節では，定義，定理，証明という厳密な書き方ではなく，あえて高校の教科書流に解説する．

0.1.1 ベクトルの成分表示，ベクトルの実数倍，ベクトルの和

ベクトルとは向きと長さを持った量である．xy-座標平面上の点 $\mathrm{X}(x, y)$ と，原点 $\mathrm{O}(0,0)$ から点 X への向きを持ち線分 OX の長さを持つベクトルとを同一視する．特に原点 O に対応する特別なベクトルを零ベクトルと言い，$\boldsymbol{o}$ と書く．

例えば，座標 $(3,2)$ に対応するベクトル $\boldsymbol{a}$，座標 (u_1, u_2) に対応するベクトル $\boldsymbol{u}$，零ベクトル $\boldsymbol{o}$ を

$$\boldsymbol{a} = \begin{bmatrix} 3 \\ 2 \end{bmatrix}, \quad \boldsymbol{u} = \begin{bmatrix} u_1 \\ u_2 \end{bmatrix}, \quad \boldsymbol{o} = \begin{bmatrix} 0 \\ 0 \end{bmatrix}$$

のように書いたものを，各ベクトルの成分表示と言う．また，成分を添え字で書いた上の $\boldsymbol{u}$ の表示は，$\boldsymbol{u} = (u_j)$ のようにも略記する．

各ベクトルは実数 k 倍したり，またベクトル同士を足すことができる．つまり，ベクトル $\boldsymbol{v}$ に対し，その実数 k 倍のベクトル $k\boldsymbol{v}$ を

$$\boldsymbol{v} = \begin{bmatrix} v_1 \\ v_2 \end{bmatrix} \mapsto k\boldsymbol{v} = \begin{bmatrix} kv_1 \\ kv_2 \end{bmatrix}$$

で定める．略記すれば，$k(v_j) = (kv_j)$ である．

これは k が正のときは，ベクトルの向きをそのままに長さを k 倍したものであり，k が負の場合は向きが正反対で長さを $|k|$ 倍にしたもの，また，$k=0$ の場合は零ベクトルになる．$(-1)\boldsymbol{v}$ は単に $-\boldsymbol{v}$ と書くこともある．

また，2 つのベクトル $\boldsymbol{u},\boldsymbol{v}$ の和であるベクトル $\boldsymbol{u}+\boldsymbol{v}$ を

$$\boldsymbol{u}=\begin{bmatrix}u_1\\u_2\end{bmatrix},\boldsymbol{v}=\begin{bmatrix}v_1\\v_2\end{bmatrix}\mapsto\boldsymbol{u}+\boldsymbol{v}=\begin{bmatrix}u_1+v_1\\u_2+v_2\end{bmatrix}$$

で定める．略記すれば，$(u_j)+(v_j)=(u_j+v_j)$ である．

和 $\boldsymbol{u}+\boldsymbol{v}$ はベクトル $\boldsymbol{u}$ の先にベクトル $\boldsymbol{v}$ を「継ぎ木」したものになっており，逆に $\boldsymbol{v}$ に $\boldsymbol{u}$ を継ぎ木しても同じ，つまり $\boldsymbol{u}+\boldsymbol{v}=\boldsymbol{v}+\boldsymbol{u}$ である．また，3 つのベクトル $\boldsymbol{u},\boldsymbol{v},\boldsymbol{w}$ について，$(\boldsymbol{u}+\boldsymbol{v})+\boldsymbol{w}=\boldsymbol{u}+(\boldsymbol{v}+\boldsymbol{w})$ が成り立つことも明らかだから，複数のベクトルの和を書くときには和の順序を括弧で指定する必要がない．

実数倍と和をあわせると，ベクトル $\boldsymbol{u},\boldsymbol{v}$ と実数 k,l に対し，

$$k\boldsymbol{u}+l\boldsymbol{v}=k\begin{bmatrix}u_1\\u_2\end{bmatrix}+l\begin{bmatrix}v_1\\v_2\end{bmatrix}=\begin{bmatrix}ku_1\\ku_2\end{bmatrix}+\begin{bmatrix}lv_1\\lv_2\end{bmatrix}=\begin{bmatrix}ku_1+lv_1\\ku_2+lv_2\end{bmatrix}$$

と計算できる．略記すれば，$k(u_j)+l(v_j)=(ku_j+lv_j)$ である．なお，$\boldsymbol{u}+(-\boldsymbol{v})$ は $\boldsymbol{u}-\boldsymbol{v}$ と書くことが多い．

このようにベクトルを実数倍しても，さらに足してもまたベクトルである．2 つに限らず複数のベクトルに対して，各ベクトルを実数倍して和をとったものを，これらのベクトルの線形結合と言う．

0.1.2　ベクトルの独立と従属

2 つのベクトル $\boldsymbol{u},\boldsymbol{v}$ が同じ方向かどうかは重要な関係だろう．ここで，向きが正反対であるものも同じ方向と考える．つまり，座標平面で言えば，2 点が原点を通る同一直線上にあるかどうかの関係である．

これは 2 つのベクトルの一方が他方の定数倍であるかどうかだから，

$$k\boldsymbol{u}+l\boldsymbol{v}=\boldsymbol{o}\quad つまり，\quad k\begin{bmatrix}u_1\\u_2\end{bmatrix}+l\begin{bmatrix}v_1\\v_2\end{bmatrix}=\begin{bmatrix}0\\0\end{bmatrix}\tag{1}$$

を満たすような実数 k,l が $k=l=0$ 以外にあるかどうかである．上の成分表示を用いて具体的に計算してみると，k,l に関する以下の連立 1 次方程式

$$\begin{cases}ku_1+lv_1=0,\\ku_2+lv_2=0\end{cases}$$

を解くことになり，$u_1v_2 - u_2v_1 \neq 0$ のとき自明な解 (つまり $k = l = 0$) のみを持ち，$u_1v_2 - u_2v_1 = 0$ のときは非自明な解を持つことがわかる．

以下，よく用いるので $D(\boldsymbol{u}, \boldsymbol{v}) = u_1v_2 - u_2v_1$ と書く．つまり，$\boldsymbol{u}, \boldsymbol{v}$ が実数倍の関係にあることの必要十分条件 [1)] は $D(\boldsymbol{u}, \boldsymbol{v}) = 0$ である．

上式 (1) での右辺は零ベクトルだったが，任意のベクトル $\boldsymbol{w}$ について，

$$k\boldsymbol{u} + l\boldsymbol{v} = \boldsymbol{w} \quad \text{つまり，} \quad k\begin{bmatrix} u_1 \\ u_2 \end{bmatrix} + l\begin{bmatrix} v_1 \\ v_2 \end{bmatrix} = \begin{bmatrix} w_1 \\ w_2 \end{bmatrix}$$

を考えれば，上の連立方程式と同じ計算によって，$D(\boldsymbol{u}, \boldsymbol{v}) \neq 0$ のとき，上式を満たす実数 k, l が一意的に (つまり各 1 つだけ) 存在することがわかる．

以上の観察を，「独立」と「従属」という言葉でまとめておく．ベクトルの組 $\{\boldsymbol{u}, \boldsymbol{v}\}$ について，$k\boldsymbol{u} + l\boldsymbol{v} = \boldsymbol{o}$ を満たす実数 k, l が $k = l = 0$ に限られるとき，(線形) 独立であると言う．また，独立でないとき，(線形) 従属であると言う．$\{\boldsymbol{u}, \boldsymbol{v}\}$ が独立ならば，任意のベクトル $\boldsymbol{w}$ は，ある実数 k, l で $\boldsymbol{w} = k\boldsymbol{u} + l\boldsymbol{v}$ と一意的に書ける．独立であるための必要十分条件は $D(\boldsymbol{u}, \boldsymbol{v}) \neq 0$ である．

この概念を 3 つ以上のベクトルについて考えてみよう．例えば，3 つのベクトル $\boldsymbol{u}, \boldsymbol{v}, \boldsymbol{w}$ について，$k\boldsymbol{u} + l\boldsymbol{v} + m\boldsymbol{w} = \boldsymbol{o}$ を満たす実数 k, l, m が $k = l = m = 0$ だけに限られることがあるだろうか．

$\boldsymbol{u}, \boldsymbol{v}$ が従属ならば，$k\boldsymbol{u} + l\boldsymbol{v} = \boldsymbol{o}$ となる自明でない k, l があるので，$m = 0$ とおけば，上式を満たす非自明な k, l, m である．一方，もし独立ならば，$k\boldsymbol{u} + l\boldsymbol{v} = -m\boldsymbol{w}$ と書き換えれば，勝手な $-m\boldsymbol{w} \neq \boldsymbol{o}$ に対し，これを満たす非自明な k, l が存在する．よって，上式を満たす非自明な k, l, m が必ず存在する．ベクトルが 4 つ以上のときも同様である．

ゆえに，3 つ以上のベクトルは常に従属で，2 つまでしか独立にとれない．これは 2 次元だからであるが，むしろ逆に，独立なベクトルが 2 つまでしかとれないことが「2 次元」の意味なのである．

0.1.3 ベクトルと座標の関係

座標とベクトルの関係を考え直してみよう．座標 (u_1, u_2) と対応しているベクトル $\boldsymbol{u}$ は以下のように書き直せる．

[1)] 2 つの命題 A, B について，「A ならば B」が成立しているとき，A は B の十分条件，B は A の必要条件と言う．「A ならば B」と「B ならば A」の両方が成立していれば，A は B の必要十分条件，または，A と B は同値である，と言う．

$$\boldsymbol{u} = \begin{bmatrix} u_1 \\ u_2 \end{bmatrix} = \begin{bmatrix} u_1 \\ 0 \end{bmatrix} + \begin{bmatrix} 0 \\ u_2 \end{bmatrix} = u_1 \begin{bmatrix} 1 \\ 0 \end{bmatrix} + u_2 \begin{bmatrix} 0 \\ 1 \end{bmatrix}.$$

すなわち，

$$\boldsymbol{e}_1 = \begin{bmatrix} 1 \\ 0 \end{bmatrix}, \boldsymbol{e}_2 = \begin{bmatrix} 0 \\ 1 \end{bmatrix} \quad \text{に対して} \quad \boldsymbol{u} = u_1\boldsymbol{e}_1 + u_2\boldsymbol{e}_2. \tag{2}$$

つまり，ベクトル $\boldsymbol{u}$ の成分表示，もしくは対応する座標 u_1, u_2 とは，$\boldsymbol{u}$ を $\boldsymbol{e}_1, \boldsymbol{e}_2$ の線形結合で表したときの係数に他ならない．$(\boldsymbol{e}_1, \boldsymbol{e}_2)$ は独立だから，この係数は一意的に決まる (ベクトルの組を "{}" ではなく "()" で書いたのは，順序に依存することを強調するため)．

この観点からすれば，必ずしも $(\boldsymbol{e}_1, \boldsymbol{e}_2)$ でなくても独立でさえあれば，勝手に固定したベクトルの組でもよい．このように，任意のベクトルを線形結合で表すため，基準に選んだ独立なベクトルの組を基底と言う．

ある基底 $(\boldsymbol{f}_1, \boldsymbol{f}_2)$ に対し，任意のベクトル $\boldsymbol{u}, \boldsymbol{v}$ は

$$\boldsymbol{u} = u_1\boldsymbol{f}_1 + u_2\boldsymbol{f}_2, \quad \boldsymbol{v} = v_1\boldsymbol{f}_1 + v_2\boldsymbol{f}_2$$

と一意的に表せて，例えば，$k\boldsymbol{u} + l\boldsymbol{v}$ の計算は，

$$k\boldsymbol{u}+l\boldsymbol{v} = k(u_1\boldsymbol{f}_1+u_2\boldsymbol{f}_2)+l(v_1\boldsymbol{f}_1+v_2\boldsymbol{f}_2) = (ku_1+lv_1)\boldsymbol{f}_1+(ku_2+lv_2)\boldsymbol{f}_2$$

のように，線形結合の各係数をスカラー倍したり和をとるだけで話が済む．

よって，ここまでベクトルの成分表示とはそのベクトルと対応した座標のことだとしていたが，以降はある基底について線形結合の係数を並べたものだと解釈を一般化する．つまり，基底を決めれば座標との対応を忘れてよい．

0.1.4　内積と距離

しかし，長さや角度といった「計量」を考える上では，$(\boldsymbol{e}_1, \boldsymbol{e}_2)$ は特別に都合が良い．このことを具体的に調べてみよう．

ベクトルの内積 $\langle\cdot,\cdot\rangle$ と長さ $\|\cdot\|$ を，ベクトル $\boldsymbol{u}$ と $\boldsymbol{v}$ に対応する座標が順に $(u_1, u_2), (v_1, v_2)$ であるとき，

$$\langle\boldsymbol{u}, \boldsymbol{v}\rangle = u_1v_1 + u_2v_2, \quad \|\boldsymbol{u}\| = \sqrt{\langle\boldsymbol{u}, \boldsymbol{u}\rangle} = \sqrt{u_1^2 + u_2^2},$$

のように定める．

演習問題 0.1 角度と内積

座標平面に対応させたときのベクトル $\boldsymbol{u}$ と $\boldsymbol{v}$ の間の角度を θ とするとき，$\cos\theta = \langle \boldsymbol{u}, \boldsymbol{v}\rangle / (\|\boldsymbol{u}\| \cdot \|\boldsymbol{v}\|)$ であることを示せ (ヒント：余弦定理).

また，内積 $\langle \boldsymbol{u}, \boldsymbol{v}\rangle$ の幾何学的な意味を考えよ.

演習問題 0.2 内積の性質

任意のベクトル $\boldsymbol{u}, \boldsymbol{v}, \boldsymbol{w}$ と実数 k について，以下の等式を確認せよ.

$$\langle \boldsymbol{u}, \boldsymbol{v}\rangle = \langle \boldsymbol{v}, \boldsymbol{u}\rangle, \quad \langle k\boldsymbol{u}, \boldsymbol{v}\rangle = k\langle \boldsymbol{u}, \boldsymbol{v}\rangle, \quad \langle \boldsymbol{u}+\boldsymbol{v}, \boldsymbol{w}\rangle = \langle \boldsymbol{u}, \boldsymbol{w}\rangle + \langle \boldsymbol{v}, \boldsymbol{w}\rangle.$$

これらの定義と (2) 式の $\boldsymbol{e}_1, \boldsymbol{e}_2$ について，以下の関係はすぐわかる.

$$\langle \boldsymbol{e}_1, \boldsymbol{e}_2\rangle = 0, \tag{3}$$

$$\langle \boldsymbol{e}_1, \boldsymbol{e}_1\rangle = \langle \boldsymbol{e}_2, \boldsymbol{e}_2\rangle = 1 \quad (\text{つまり} \quad \|\boldsymbol{e}_1\| = \|\boldsymbol{e}_2\| = 1). \tag{4}$$

この 2 条件を満たす基底を (式 (2) の特別な $(\boldsymbol{e}_1, \boldsymbol{e}_2)$ に限らず) 正規直交基底と言う．また (3) 式は満たすが (4) 式は必ずしも満たさない基底は，直交基底と言う.

(2) 式の $(\boldsymbol{e}_1, \boldsymbol{e}_2)$ を用いて任意のベクトル $\boldsymbol{x}, \boldsymbol{y}$ を

$$\boldsymbol{x} = x_1\boldsymbol{e}_1 + x_2\boldsymbol{e}_2, \quad \boldsymbol{y} = y_1\boldsymbol{e}_1 + y_2\boldsymbol{e}_2$$

と線形結合で表したとき，その内積は

$$\begin{aligned}\langle \boldsymbol{x}, \boldsymbol{y}\rangle &= \langle x_1\boldsymbol{e}_1 + x_2\boldsymbol{e}_2, y_1\boldsymbol{e}_1 + y_2\boldsymbol{e}_2\rangle \\ &= \langle x_1\boldsymbol{e}_1, y_1\boldsymbol{e}_1\rangle + \langle x_1\boldsymbol{e}_1, y_2\boldsymbol{e}_2\rangle + \langle x_2\boldsymbol{e}_2, y_1\boldsymbol{e}_1\rangle + \langle x_2\boldsymbol{e}_2, y_2\boldsymbol{e}_2\rangle \\ &= x_1y_1\langle \boldsymbol{e}_1, \boldsymbol{e}_1\rangle + x_1y_2\langle \boldsymbol{e}_1, \boldsymbol{e}_2\rangle + x_2y_1\langle \boldsymbol{e}_2, \boldsymbol{e}_1\rangle + x_2y_2\langle \boldsymbol{e}_2, \boldsymbol{e}_2\rangle \\ &= x_1y_1 + x_2y_2\end{aligned}$$

のように，上の演習問題 0.2 で見た性質だけで計算できる．最後の等号は正規直交基底の性質 (3), (4) によることに注意せよ.

0.1.5 線形写像と行列

2 次元のベクトル $\boldsymbol{u}$ を別の 2 次元ベクトル $\boldsymbol{v} = A(\boldsymbol{u})$ に写す写像 A を考え

よう ($A(\boldsymbol{u})$ は簡単に $A\boldsymbol{u}$ とも書く)．これは 2 次元座標平面 $\mathbb{R}^2$ から $\mathbb{R}^2$ への写像とも考えられるが，我々は座標を離れてベクトルの言葉で考える．

さらに，我々はこのような写像のうち線形写像，すなわち線形性を持つものに集中する．線形性とは，任意の実数 k, l と任意のベクトル $\boldsymbol{u}, \boldsymbol{v}$ について以下が成り立つ性質を言う．

$$A(k\boldsymbol{u} + l\boldsymbol{v}) = kA(\boldsymbol{u}) + lA(\boldsymbol{v}).$$

基底を用いて線形写像の性質を見てみよう．ベクトル $\boldsymbol{u}$ が基底 $(\boldsymbol{x}_1, \boldsymbol{x}_2)$ を用いて $\boldsymbol{u} = u_1\boldsymbol{x}_1 + u_2\boldsymbol{x}_2$ と書けているとき，$\boldsymbol{u}$ は線形写像 A によって

$$A\boldsymbol{u} = A(u_1\boldsymbol{x}_1 + u_2\boldsymbol{x}_2) = u_1A\boldsymbol{x}_1 + u_2A\boldsymbol{x}_2$$

に写される．この式は，線形写像による像は基底の像さえわかっていれば，それを成分と線形結合するだけで計算できる，ということを意味している．

つまり，$A\boldsymbol{x}_1$ と $A\boldsymbol{x}_2$ がそれぞれ，

$$A\boldsymbol{x}_1 = a_{11}\boldsymbol{x}_1 + a_{21}\boldsymbol{x}_2, \quad A\boldsymbol{x}_2 = a_{12}\boldsymbol{x}_1 + a_{22}\boldsymbol{x}_2$$

と書けるとすると，

$$\begin{aligned} A\boldsymbol{u} &= u_1A\boldsymbol{x}_1 + u_2A\boldsymbol{x}_2 \\ &= u_1(a_{11}\boldsymbol{x}_1 + a_{21}\boldsymbol{x}_2) + u_2(a_{12}\boldsymbol{x}_1 + a_{22}\boldsymbol{x}_2) \\ &= (u_1a_{11} + u_2a_{12})\boldsymbol{x}_1 + (u_1a_{21} + u_2a_{22})\boldsymbol{x}_2. \end{aligned}$$

この計算を，基底 $(\boldsymbol{x}_1, \boldsymbol{x}_2)$ のもとでの成分表示で書き直してみると，

$$\boldsymbol{x}_1 = \begin{bmatrix} 1 \\ 0 \end{bmatrix}, \quad \boldsymbol{x}_2 = \begin{bmatrix} 0 \\ 1 \end{bmatrix}, \quad A\boldsymbol{x}_1 = \begin{bmatrix} a_{11} \\ a_{21} \end{bmatrix}, \quad A\boldsymbol{x}_2 = \begin{bmatrix} a_{12} \\ a_{22} \end{bmatrix},$$

であるときに，

$$\boldsymbol{u} = \begin{bmatrix} u_1 \\ u_2 \end{bmatrix} \quad \text{が} \quad A\boldsymbol{u} = \begin{bmatrix} u_1a_{11} + u_2a_{12} \\ u_1a_{21} + u_2a_{22} \end{bmatrix} \quad \text{に写されている．}$$

これをさらに，以下のように書くことにすると便利である．

$$A\boldsymbol{u} = \begin{bmatrix} a_{11} & a_{12} \\ a_{21} & a_{22} \end{bmatrix} \begin{bmatrix} u_1 \\ u_2 \end{bmatrix} = \begin{bmatrix} a_{11}u_1 + a_{12}u_2 \\ a_{21}u_1 + a_{22}u_2 \end{bmatrix}.$$

つまり上式を，線形写像 A の (ある基底のもとでの)「成分表示」とベクトル $\boldsymbol{u}$ の成分表示の「積」だと思う．この A の成分表示，

$$A = \begin{bmatrix} a_{11} & a_{12} \\ a_{21} & a_{22} \end{bmatrix}$$

を (2 行 2 列の，または 2×2 の，または $(2,2)$ 型の) 行列と呼び，$A = (a_{ij})$ のようにも書く．この成分表示が基底の像 $A\boldsymbol{x}_1, A\boldsymbol{x}_2$ の成分表示を単に横に並べたものになっていることを，よく吟味されたい．

この記法に対し，ベクトル $A\boldsymbol{u}$ の成分 $(\tilde{u}_i)$ は，添え字を用いて

$$\tilde{u}_i = \sum_{j=1}^{2} a_{ij} u_j, \quad (i = 1, 2)$$

と簡潔に書けることも注意しておく．

0.1.6 行列の実数倍と和

ベクトルの実数倍やベクトル同士の和が考えられたように，行列についても色々な演算を考えたい．行列とは線形写像の成分表示のことだったから，行列の演算とは写像の演算のことだと考えるのが自然である．

線形写像 A に対して，その実数 k 倍である線形写像 kA とは，任意のベクトル $\boldsymbol{u}$ を $\boldsymbol{u} \mapsto k(A(\boldsymbol{u}))$ のように写す写像だと考えるのが自然である．

これをある基底のもとでの成分表示で書くと，

$$k\left(\begin{bmatrix} a_{11} & a_{12} \\ a_{21} & a_{22} \end{bmatrix}\begin{bmatrix} u_1 \\ u_2 \end{bmatrix}\right) = k\begin{bmatrix} a_{11}u_1 + a_{12}u_2 \\ a_{21}u_1 + a_{22}u_2 \end{bmatrix} = \begin{bmatrix} k(a_{11}u_1 + a_{12}u_2) \\ k(a_{21}u_1 + a_{22}u_2) \end{bmatrix}$$
$$= \begin{bmatrix} (ka_{11})u_1 + (ka_{12})u_2 \\ (ka_{21})u_1 + (ka_{22})u_2 \end{bmatrix}$$

であるから，線形写像 kA の成分表示は (そして行列 A の実数倍は)

$$k\begin{bmatrix} a_{11} & a_{12} \\ a_{21} & a_{22} \end{bmatrix} = \begin{bmatrix} ka_{11} & ka_{12} \\ ka_{21} & ka_{22} \end{bmatrix}$$

となる．これを簡潔に書けば，$k(a_{ij}) = (ka_{ij})$ である．なお，(-1) 倍は $(-1)A = -A$ と略記することが多い．

同様に，線形写像 A, B の和である線形写像 $A + B$ とは，任意のベクトル $\boldsymbol{u}$ を $\boldsymbol{u} \mapsto A(\boldsymbol{u}) + B(\boldsymbol{u})$ のように写す写像と考えるのが自然である．よって，B の成分表示を (b_{ij}) として，

$$\begin{bmatrix} a_{11} & a_{12} \\ a_{21} & a_{22} \end{bmatrix}\begin{bmatrix} u_1 \\ u_2 \end{bmatrix} + \begin{bmatrix} b_{11} & b_{12} \\ b_{21} & b_{22} \end{bmatrix}\begin{bmatrix} u_1 \\ u_2 \end{bmatrix} = \begin{bmatrix} a_{11}u_1 + a_{12}u_2 \\ a_{21}u_1 + a_{22}u_2 \end{bmatrix} + \begin{bmatrix} b_{11}u_1 + b_{12}u_2 \\ b_{21}u_1 + b_{22}u_2 \end{bmatrix}$$

$$= \begin{bmatrix} (a_{11}u_1 + a_{12}u_2) + (b_{11}u_1 + b_{12}u_2) \\ (a_{21}u_1 + a_{22}u_2) + (b_{21}u_1 + b_{22}u_2) \end{bmatrix} = \begin{bmatrix} (a_{11} + b_{11})u_1 + (a_{12} + b_{12})u_2 \\ (a_{21} + b_{21})u_1 + (a_{22} + b_{22})u_2 \end{bmatrix}.$$

であるから，線形写像 $A + B$ の成分表示は (そして，行列 A, B の和とは)

$$\begin{bmatrix} a_{11} & a_{12} \\ a_{21} & a_{22} \end{bmatrix} + \begin{bmatrix} b_{11} & b_{12} \\ b_{21} & b_{22} \end{bmatrix} = \begin{bmatrix} a_{11} + b_{11} & a_{12} + b_{12} \\ a_{21} + b_{21} & a_{22} + b_{22} \end{bmatrix}$$

となる．これを簡潔に書けば，$(a_{ij})+(b_{ij}) = (a_{ij}+b_{ij})$ である．なお，$A+(-B)$ は単に $A - B$ と書くことが多い．

0.1.7　行列の積

次は，2 つの線形写像 A, B の積 AB を考えたい．これはベクトル $\boldsymbol{u}$ をまず $B\boldsymbol{u}$ に写し，さらに続けて $A(B\boldsymbol{u})$ と写す線形写像であると考えるのが自然だろう．ここで A, B の順序に注意せよ．また，この AB は

$$\begin{aligned} (AB)(k\boldsymbol{u} + l\boldsymbol{v}) &= A(B(k\boldsymbol{u} + l\boldsymbol{v})) = A(kB(\boldsymbol{u}) + lB(\boldsymbol{v})) \\ &= kA(B(\boldsymbol{u})) + lA(B(\boldsymbol{v})) = k(AB)(\boldsymbol{u}) + l(AB)(\boldsymbol{v}) \end{aligned}$$

より確かに線形写像である．

実数倍や和のときと同様に考えると，

$$\begin{bmatrix} a_{11} & a_{12} \\ a_{21} & a_{22} \end{bmatrix} \left(\begin{bmatrix} b_{11} & b_{12} \\ b_{21} & b_{22} \end{bmatrix} \begin{bmatrix} u_1 \\ u_2 \end{bmatrix} \right) = \begin{bmatrix} a_{11} & a_{12} \\ a_{21} & a_{22} \end{bmatrix} \begin{bmatrix} b_{11}u_1 + b_{12}u_2 \\ b_{21}u_1 + b_{22}u_2 \end{bmatrix}$$

$$= \begin{bmatrix} a_{11}(b_{11}u_1 + b_{12}u_2) + a_{12}(b_{21}u_1 + b_{22}u_2) \\ a_{21}(b_{11}u_1 + b_{12}u_2) + a_{22}(b_{21}u_1 + b_{22}u_2) \end{bmatrix}$$

$$= \begin{bmatrix} (a_{11}b_{11} + a_{12}b_{21})u_1 + (a_{11}b_{12} + a_{12}b_{22})u_2 \\ (a_{21}b_{11} + a_{22}b_{21})u_1 + (a_{21}b_{12} + a_{22}b_{22})u_2 \end{bmatrix}$$

となるから，

$$\begin{bmatrix} a_{11} & a_{12} \\ a_{21} & a_{22} \end{bmatrix} \begin{bmatrix} b_{11} & b_{12} \\ b_{21} & b_{22} \end{bmatrix} = \begin{bmatrix} a_{11}b_{11} + a_{12}b_{21} & a_{11}b_{12} + a_{12}b_{22} \\ a_{21}b_{11} + a_{22}b_{21} & a_{21}b_{12} + a_{22}b_{22} \end{bmatrix}$$

となる．これを簡潔に書けば，

$$(a_{ij})(b_{ij}) = \left(\sum_{k=1}^{2} a_{ik}b_{kj} \right).$$

行列の積は，スカラー倍や和に比べて一見は複雑な計算だが，線形写像を続けて行うこと (写像の合成) から自然に導かれることに注意せよ．

また，この行列の積の定義は行列とベクトルの「積」とも，

$$\begin{bmatrix} a_{11} & a_{12} \\ a_{21} & a_{22} \end{bmatrix} \begin{bmatrix} b_{1j} \\ b_{2j} \end{bmatrix} = \begin{bmatrix} a_{11}b_{1j} + a_{12}b_{2j} \\ a_{21}b_{1j} + a_{22}b_{2j} \end{bmatrix}, \quad (j = 1, 2)$$

の意味で整合的である．

さらに，上の右辺のベクトルの各要素は，例えば $a_{11}b_{11} + a_{12}b_{21}$ が

$$\begin{bmatrix} a_{11} & a_{12} \end{bmatrix} \begin{bmatrix} b_{11} \\ b_{21} \end{bmatrix} = \sum_{k=1}^{2} a_{1k}b_{k1} = a_{11}b_{11} + a_{12}b_{21}$$

となっているように，内積の計算方法とも整合的である．

演習問題 0.3　線形写像 (行列) の積の性質

任意の (2 次元) 線形写像 (行列) A, B, C について，以下の関係

$$(AB)C = A(BC), \quad A(B+C) = AB+AC, \quad (A+B)C = AC+BC$$

を確認せよ．また $AB = BA$ が一般には成立しないことを確認せよ．

特別な行列 (線形写像) として，以下の 2 つに名前をつけておく．

$$I = \begin{bmatrix} 1 & 0 \\ 0 & 1 \end{bmatrix}, \quad O = \begin{bmatrix} 0 & 0 \\ 0 & 0 \end{bmatrix}.$$

この I を単位行列，O を零行列と呼ぶ．単位行列に対応する線形写像は任意のベクトルをそれ自身に写す写像 (つまり恒等写像) であり，零行列に対応する線形写像は任意のベクトルを零ベクトルに写す写像である．また，任意の行列 A に対し，$AI = IA = A$，　$AO = OA = O$ であることもすぐ確認できる．

演習問題 0.4　積と零行列との関係と冪零行列

行列 A, B について，$AB = O$ が成り立っていたとしても，$A = O$ または $B = O$ であるとは言えない．実際，$A \neq O$ かつ $B \neq O$ にも関わらず，$AB = O$ であるような A, B の例を挙げよ．

同様に $A^2 = O$ だったとしても，$A = O$ とは言えない．このように，ある自然数 n について $A^n = O$ となるような行列のことを冪零行列と言う．

0.1.8　逆行列と行列式

前項で見たように，線形写像とは成分表示で書けば行列をかける操作だから，

この逆の操作に相当するものがあれば便利である．つまり，行列 (線形写像) A に対し，$A^{-1}A = I$ や $AA^{-1} = I$ のような A^{-1} を求めたい．

与えられた行列 $A = \begin{bmatrix} a & b \\ c & d \end{bmatrix}$ に対し，$AX = I$ となるような X があるか，具体的に計算してみよう．

$$AX = \begin{bmatrix} a & b \\ c & d \end{bmatrix} \begin{bmatrix} x & y \\ z & w \end{bmatrix} = \begin{bmatrix} ax + bz & ay + bw \\ cx + dz & cy + dw \end{bmatrix} = \begin{bmatrix} 1 & 0 \\ 0 & 1 \end{bmatrix}$$

だから，2 組の連立方程式

$$\begin{cases} ax + bz & = & 1, \\ cx + dz & = & 0, \end{cases} \qquad \begin{cases} ay + bw & = & 0, \\ cy + dw & = & 1 \end{cases}$$

を同時に解くことになる．これは以下のようにベクトルの線形結合の形で書けることに注意せよ．

$$x \begin{bmatrix} a \\ c \end{bmatrix} + z \begin{bmatrix} b \\ d \end{bmatrix} = \begin{bmatrix} 1 \\ 0 \end{bmatrix}, \quad y \begin{bmatrix} a \\ c \end{bmatrix} + w \begin{bmatrix} b \\ d \end{bmatrix} = \begin{bmatrix} 0 \\ 1 \end{bmatrix}.$$

これらの左辺は同じベクトルの組の線形結合だから，線形独立であるとき，つまり，0.1.2 項で見たように，

$$D\left(\begin{bmatrix} a \\ c \end{bmatrix}, \begin{bmatrix} b \\ d \end{bmatrix} \right) = ad - bc \neq 0$$

のとき，かつそのときに限り，一意な解 (x, z) と (y, w) を持つ．これは行列 A の特徴を表す重要な量なので，新たに記号を設けて，

$$\det(A) = ad - bc$$

と書き，行列 A の行列式と呼ぶ (括弧を省略して，$\det A$ とも書く)．

上の連立方程式を $\det A \neq 0$ の条件のもと，具体的に解くと，

$$x = \frac{d}{ad - bc}, \quad y = \frac{-b}{ad - bc}, \quad z = \frac{-c}{ad - bc}, \quad w = \frac{a}{ad - bc}$$

と書ける．よって，$ad - bc = \det A$ に注意すれば，

$$X = \frac{1}{\det A} \begin{bmatrix} d & -b \\ -c & a \end{bmatrix} \quad \text{に対し} \quad AX = I$$

が成り立っている．一方，$\det A = 0$ のときは，上の 2 ベクトルの線形従属の関係に注意すれば，上の連立方程式の組の両方を満たす解は存在しない．

演習問題 0.5 逆行列

与えられた行列 A について，$\det A \neq 0$ のとき，

$$A = \begin{bmatrix} a & b \\ c & d \end{bmatrix} \quad \text{に対し} \quad X = \frac{1}{\det A}\begin{bmatrix} d & -b \\ -c & a \end{bmatrix} \quad \text{とおけば，}$$

$AX = I$ のみならず，$XA = I$ でもあることを確認せよ．

以上より，与えられた行列 A に対し，$AX = XA = I$ を満たす行列 X のことを A の逆行列と呼び，$X = A^{-1}$ の記号で書く．A の逆行列 A^{-1} が存在するための必要十分条件は $\det A \neq 0$ であり，成分表示で書くと，

$$A = \begin{bmatrix} a & b \\ c & d \end{bmatrix} \quad \text{に対し} \quad A^{-1} = \frac{1}{\det A}\begin{bmatrix} d & -b \\ -c & a \end{bmatrix}.$$

演習問題 0.6 逆行列と行列式

以下の関係を確認せよ．

$$(A^{-1})^{-1} = A, \quad (AB)^{-1} = B^{-1}A^{-1},$$

$$\det(AB) = \det A \det B, \quad \det(A^{-1}) = \frac{1}{\det A}.$$

演習問題 0.7 行列式の幾何学的意味

行列式 $\det\begin{bmatrix} u_1 & v_1 \\ u_2 & v_2 \end{bmatrix}$ は，座標 $(u_1, u_2), (v_1, v_2)$ の 2 点に対してどんな意味を持つか (ヒント：この 2 点と原点 $(0, 0)$ のなす三角形を考えよ)．

演習問題 0.8 逆行列と連立 1 次方程式

連立方程式 $2x + y = 3$, $x + 2y = 4$ を行列とベクトルを用いて書き，逆行列を用いて解を求めよ．

0.1.9 線形写像の分類と固有値，固有ベクトル

線形写像にはどのような種類があるだろうか．0.1.5 項で見たように，線形

写像は基底を $(\boldsymbol{x}_1, \boldsymbol{x}_2)$ とするとき，その像 $(A\boldsymbol{x}_1, A\boldsymbol{x}_2)$ によって完全に決まる．このベクトルの組 $(A\boldsymbol{x}_1, A\boldsymbol{x}_2)$ にはどんな種類がありうるか．1 つの重要な分け方は，それらが独立か従属かの分類だろう．

2 つのベクトル $(A\boldsymbol{x}_1, A\boldsymbol{x}_2)$ が独立かどうかは，0.1.2 項で見たように，$D(A\boldsymbol{x}_1, A\boldsymbol{x}_2) \neq 0$ かどうかで決まる．基底 $(\boldsymbol{x}_1, \boldsymbol{x}_2)$ のもと，

$$A\boldsymbol{x}_1 = \begin{bmatrix} a_{11} \\ a_{21} \end{bmatrix}, \quad A\boldsymbol{x}_2 = \begin{bmatrix} a_{12} \\ a_{22} \end{bmatrix}$$

だから，$D(A\boldsymbol{x}_1, A\boldsymbol{x}_2) = a_{11}a_{22} - a_{12}a_{21} = \det A$ である．

よって，$\det A \neq 0$ のとき基底をまた基底に写すから，ベクトル全体がまたベクトル全体に写る．一方，$\det A = 0$ のときは基底を (よって任意のベクトルも)，ある 1 つのベクトルの実数倍に写すから，ベクトル全体がある直線 (もしくは原点のみ) に写される．

以上の分類はかなり粗い．そこで，線形写像の性質をより深くとらえて，本質的に分類する手段として，以下のような固有値と固有ベクトルの概念がある．

線形写像 (行列) A に対して，ある実数 λ と零ベクトルでないベクトル $\boldsymbol{v}$ が

$$A\boldsymbol{v} = \lambda\boldsymbol{v}, \quad \text{つまり} \quad (A - \lambda I)\boldsymbol{v} = \boldsymbol{o} \tag{5}$$

の関係を満たしているとき，この λ を A の固有値，$\boldsymbol{v}$ を (λ に属する) 固有ベクトルと呼ぶ．$A\boldsymbol{v} = \lambda\boldsymbol{v}$ ならば，任意の実数 k について，$A(k\boldsymbol{v}) = \lambda(k\boldsymbol{v})$ だから，固有ベクトルには定数倍の任意性があることを注意しておく．

固有ベクトル $\boldsymbol{v}$ に対し，線形写像 A は単なる λ 倍としてふるまう．これは A の重要な特徴である．なぜなら，もし固有ベクトルが独立に 2 つあれば，これらを基底にすることで，A とはこの 2 方向に定数倍する写像だと理解される．

では，成分表示を用いて固有値，固有ベクトルを計算してみよう．まず，上の (5) 式より，固有ベクトル (つまり零ベクトルでない $\boldsymbol{v}$) が存在するための必要十分条件は $\det(A - \lambda I) = 0$ である．実際，$A = (a_{ij}), \boldsymbol{v} = (v_j)$ として，(5) 式を成分表示すると，

$$\left(\begin{bmatrix} a_{11} & a_{12} \\ a_{21} & a_{22} \end{bmatrix} - \lambda \begin{bmatrix} 1 & 0 \\ 0 & 1 \end{bmatrix}\right)\begin{bmatrix} v_1 \\ v_2 \end{bmatrix} = \begin{bmatrix} a_{11} - \lambda & a_{12} \\ a_{21} & a_{22} - \lambda \end{bmatrix}\begin{bmatrix} v_1 \\ v_2 \end{bmatrix} = \begin{bmatrix} 0 \\ 0 \end{bmatrix}$$

だから，もし $\det(A - \lambda I) \neq 0$ ならば，$\boldsymbol{v} = \boldsymbol{o}$ でしかありえない．一方，もし $\det(A - \lambda I) = 0$ ならば，ベクトル

$$\begin{bmatrix} a_{11}-\lambda \\ a_{21} \end{bmatrix}, \quad \begin{bmatrix} a_{12} \\ a_{22}-\lambda \end{bmatrix}$$

が従属であることより，非自明な v_1, v_2 が求められる．

したがって，固有値は λ に関する 2 次方程式

$$\begin{aligned} \det(A-\lambda I) &= \det \begin{bmatrix} a_{11}-\lambda & a_{12} \\ a_{21} & a_{22}-\lambda \end{bmatrix} = (a_{11}-\lambda)(a_{22}-\lambda) - a_{12}a_{21} \\ &= \lambda^2 - (a_{11}+a_{22})\lambda + (a_{11}a_{22} - a_{12}a_{21}) = 0 \end{aligned}$$

の解である．

ここで，この方程式の定数項が $\det A = a_{11}a_{22} - a_{12}a_{21}$ であること，1 次項の係数が A の対角成分 (行列の左上から右下への対角線にある成分) の和の (-1) 倍であることに注意せよ．この A の対角成分の和 $a_{11} + a_{22}$ のことを A の跡と呼んで $\mathrm{tr}(A)$ や $\mathrm{tr}A$ と書く．

これらの言葉で上の 2 次方程式を書き換えれば，

$$\det(A-\lambda I) = \lambda^2 - \mathrm{tr}(A)\lambda + \det A = 0 \tag{6}$$

となる．この方程式を固有方程式，この左辺を固有多項式と呼ぶ．

λ が実数であることより，この固有方程式の判別式 $D = \mathrm{tr}(A)^2 - 4\det A$ の符号によって固有値の存在の仕方が分類できる．つまり，$D > 0$ ならば異なる固有値が 2 つ，$D = 0$ ならば固有値が 1 つだけあり (重解)，$D < 0$ ならば固有値は存在しない．また，固有値があるときには，2 次方程式の「解と係数の関係」よりその和 (重解なら 2 倍) は $\mathrm{tr}(A)$ に等しく，その積 (重解なら 2 乗) は $\det A$ に等しいこともわかる．

次項から，それぞれの場合の様子を具体的に見てみよう．

演習問題 0.9　ケイリー - ハミルトンの定理

任意の行列 A について，その固有多項式に A を代入したものは零行列になること，つまり，$A^2 - \mathrm{tr}(A)A + \det(A)I = O$ を確認せよ．

0.1.10　異なる固有値が 2 つあるとき

$D > 0$ ならば異なる固有値が 2 つあり ($\lambda_1 \neq \lambda_2$ とする)，したがってそれぞれに対応する固有ベクトルが 1 つずつある (各 $\boldsymbol{v}_1, \boldsymbol{v}_2$ とする)．この $(\boldsymbol{v}_1, \boldsymbol{v}_2)$

は独立である．なぜなら，もしこの一方が他方の定数倍なら，それぞれの属する固有値が異なることに反する．

A は固有ベクトルを定数倍するだけだから，任意のベクトル $\boldsymbol{x}$ を基底 $(\boldsymbol{v}_1, \boldsymbol{v}_2)$ で $\boldsymbol{x} = x_1\boldsymbol{v}_1 + x_2\boldsymbol{v}_2$ と書けば，

$$A\boldsymbol{x} = A(x_1\boldsymbol{v}_1 + x_2\boldsymbol{v}_2) = x_1A\boldsymbol{v}_1 + x_2A\boldsymbol{v}_2 = x_1\lambda_1\boldsymbol{v}_1 + x_2\lambda_2\boldsymbol{v}_2$$

となる．つまり，線形写像 A は $\boldsymbol{v}_1, \boldsymbol{v}_2$ の各方向に各 λ_1 倍，λ_2 倍するという操作に他ならない．これは基底を固有ベクトルに取り替えれば，A は対角成分 λ_1, λ_2 以外が 0 であるような単純な行列で書けるということでもある．

固有値と固有ベクトルの定義式 (5) を成分表示であらわに書くと，

$$\begin{bmatrix} a_{11} & a_{12} \\ a_{21} & a_{22} \end{bmatrix} \begin{bmatrix} v_{11} \\ v_{21} \end{bmatrix} = \lambda_1 \begin{bmatrix} v_{11} \\ v_{21} \end{bmatrix}, \quad \begin{bmatrix} a_{11} & a_{12} \\ a_{21} & a_{22} \end{bmatrix} \begin{bmatrix} v_{12} \\ v_{22} \end{bmatrix} = \lambda_2 \begin{bmatrix} v_{12} \\ v_{22} \end{bmatrix}$$

となるが，これらは以下のように 1 つの式にまとめられる．

$$\begin{bmatrix} a_{11} & a_{12} \\ a_{21} & a_{22} \end{bmatrix} \begin{bmatrix} v_{11} & v_{12} \\ v_{21} & v_{22} \end{bmatrix} = \begin{bmatrix} v_{11} & v_{12} \\ v_{21} & v_{22} \end{bmatrix} \begin{bmatrix} \lambda_1 & 0 \\ 0 & \lambda_2 \end{bmatrix}.$$

異なる固有値に対応する固有ベクトルたちは独立だったから，固有ベクトルを並べた行列の行列式は 0 でなく，逆行列が存在する．よって，その逆行列を上式に左からかければ，

$$\begin{bmatrix} v_{11} & v_{12} \\ v_{21} & v_{22} \end{bmatrix}^{-1} \begin{bmatrix} a_{11} & a_{12} \\ a_{21} & a_{22} \end{bmatrix} \begin{bmatrix} v_{11} & v_{12} \\ v_{21} & v_{22} \end{bmatrix} = \begin{bmatrix} \lambda_1 & 0 \\ 0 & \lambda_2 \end{bmatrix}. \tag{7}$$

この右辺のように対角成分以外が 0 である行列を対角行列と呼ぶ．対角行列が表す線形写像は，各基底の方向に定数倍するだけの単純な写像である．上式のように，左右から積をとることで対角行列に変換する操作を対角化と言う．対角行列は非常に良い性質を持つので，対角化によって様々な問題がうまく解決される．

演習問題 0.10　対角化と行列の冪乗

対角行列 E の n 個の積 (n 乗) E^n は，各成分を n 乗した対角行列であること，つまり，

$$\begin{bmatrix} \mu & 0 \\ 0 & \nu \end{bmatrix}^n = \begin{bmatrix} \mu^n & 0 \\ 0 & \nu^n \end{bmatrix}$$

であることを確認せよ．また，これから対角化可能な一般の行列 A に対し，A^n を計算する方法を考えよ (ヒント： 対角行列 $P^{-1}AP$ の n 乗).

演習問題 0.11　対角化と座標変換

上式 (7) の左辺が，基底を $(\boldsymbol{v}_1, \boldsymbol{v}_2)$ に取り替える操作であることを納得せよ (ヒント：$\boldsymbol{v}_1, \boldsymbol{v}_2$ の成分を並べた行列とその逆行列の意味は?).

0.1.11　固有値が存在しないとき

次は固有値 (と固有ベクトル) が存在しない場合を考えよう．これは固有方程式 (6) が互いに共役な複素数の解を 2 つ持つ場合である．つまり，ベクトルも複素数の範囲まで考えれば，前項 0.1.10 の 2 つの異なる実数解がある場合と同様の議論ができたはずである (複素数の復習が必要な場合は第 0.2.3 項参照).

実際，固有方程式の解である互いな共役な複素数 $z, \bar{z}$ に対し，前項と同様にそれぞれに対応する固有ベクトルを (複素数の範囲で) 計算すると，固有ベクトル $\boldsymbol{\phi}, \bar{\boldsymbol{\phi}}$ も互いに共役 (各成分が共役) であり，

$$A\boldsymbol{\phi} = z\boldsymbol{\phi}, \quad A\bar{\boldsymbol{\phi}} = \bar{z}\bar{\boldsymbol{\phi}} \tag{8}$$

となっていることが確認できる．

この関係を実数の世界に押し込めるため，以下のようにおく．

$$z = \mu + i\nu, \quad \boldsymbol{\phi} = \boldsymbol{v}_1 + i\boldsymbol{v}_2.$$

ここで，μ, ν は実数，$\boldsymbol{v}_1, \boldsymbol{v}_2$ は実数成分を持つベクトル，i は虚数単位である．これを逆に書けば，

$$\mu = \frac{z + \bar{z}}{2}, \quad \nu = \frac{z - \bar{z}}{2i}, \quad \boldsymbol{v}_1 = \frac{\boldsymbol{\phi} + \bar{\boldsymbol{\phi}}}{2}, \quad \boldsymbol{v}_2 = \frac{\boldsymbol{\phi} - \bar{\boldsymbol{\phi}}}{2i}$$

となる．これらと A の関係は，

$$\begin{aligned} A\boldsymbol{v}_1 &= A\left(\frac{\boldsymbol{\phi} + \bar{\boldsymbol{\phi}}}{2}\right) = \frac{1}{2}A\boldsymbol{\phi} + \frac{1}{2}A\bar{\boldsymbol{\phi}} = \frac{1}{2}z\boldsymbol{\phi} + \frac{1}{2}\bar{z}\bar{\boldsymbol{\phi}} \\ &= \frac{z}{2}(\boldsymbol{v}_1 + i\boldsymbol{v}_2) + \frac{\bar{z}}{2}(\boldsymbol{v}_1 - i\boldsymbol{v}_2) = \frac{z + \bar{z}}{2}\boldsymbol{v}_1 + i\frac{z - \bar{z}}{2}\boldsymbol{v}_2 \\ &= \mu\boldsymbol{v}_1 - \nu\boldsymbol{v}_2. \end{aligned}$$

また同様の計算によって，$A\boldsymbol{v}_2 = \nu\boldsymbol{v}_1 + \mu\boldsymbol{v}_2$ となる．

$(\boldsymbol{v}_1, \boldsymbol{v}_2)$ が独立であることが $\boldsymbol{\phi}, \bar{\boldsymbol{\phi}}$ の形からわかるから，$(\boldsymbol{v}_1, \boldsymbol{v}_2)$ を基底にとることができて，この基底のもと A は

$$A = \begin{bmatrix} \mu & \nu \\ -\nu & \mu \end{bmatrix}$$

と単純な形に成分表示される．

この行列は，ベクトル $\begin{bmatrix} 1 \\ 0 \end{bmatrix}, \begin{bmatrix} 0 \\ 1 \end{bmatrix}$ をそれぞれ $\begin{bmatrix} \mu \\ -\nu \end{bmatrix}, \begin{bmatrix} \nu \\ \mu \end{bmatrix}$ に写すから，(定数倍しながらの)「回転」である．すべてのベクトルを回転させる以上，固有ベクトル，つまり方向を変えないようなベクトルは存在しないわけである．

0.1.12　固有値が重解であるとき

本項では固有値がただ1つ存在する場合を考える．まず，この唯一の固有値 λ に属する固有ベクトルは1つだけか，または，任意のベクトルが固有ベクトルである．なぜなら，もし2つのベクトル $\boldsymbol{u}, \boldsymbol{v}$ が $A\boldsymbol{u} = \lambda\boldsymbol{u}$ と $A\boldsymbol{v} = \lambda\boldsymbol{v}$ を満たせば，任意の実数 k, l について $A(k\boldsymbol{u} + l\boldsymbol{v}) = \lambda(k\boldsymbol{u} + l\boldsymbol{v})$ となってしまう．

この 2 つの場合を具体的に見るために，行列 $A = \begin{bmatrix} a & b \\ c & d \end{bmatrix}$ と書いて計算してみよう．A の固有方程式 (6) が重解を持つから，その判別式 D は，

$$D = (a+d)^2 - 4(ad - bc) = (a-d)^2 + 4bc = 0 \tag{9}$$

となる．このとき唯一の固有値は，2 次方程式の解の公式より

$$\lambda = \frac{a + d \pm \sqrt{D}}{2} = \frac{a+d}{2}.$$

ここで，もし $b = 0$ または $c = 0$ ならば，上式 (9) より $a = d$ であり，固有値は $\lambda = a$ だが，特に $b = c = 0$ ならば，

$$A = \begin{bmatrix} a & 0 \\ 0 & a \end{bmatrix} = a \begin{bmatrix} 1 & 0 \\ 0 & 1 \end{bmatrix} = aI$$

で，零ベクトル以外の任意のベクトルが (固有値 a に属する) 固有ベクトルになっている．

一方，少なくとも b, c の一方が 0 でないならば，固有値，固有ベクトルの関係をあらわに成分表示した

$$\begin{bmatrix} a & b \\ c & d \end{bmatrix} \begin{bmatrix} u \\ v \end{bmatrix} = \frac{a+d}{2} \begin{bmatrix} u \\ v \end{bmatrix}$$

より連立方程式

$$\begin{cases} (a-d)u+2bv &= 0, \\ 2cu-(a-d)v &= 0 \end{cases}$$

が得られるが，上の関係 (9) を用いて，これを満たす不定解，つまり固有ベクトルが (定数倍を除いて) 1 つ定まる．

固有値と固有ベクトルが 1 つしかないことは，線形写像の性質として何を意味するのだろうか．問題は固有ベクトルが 1 つしかないため，基底ベクトルが足りないことである．そこで，固有ベクトルと独立であることが保証されていて，何か良い意味を持つ別のベクトルを探さなければならない．

やや天下りだが，唯一の固有値 λ と固有ベクトル $\boldsymbol{u}$ に対し，以下の関係

$$(A-\lambda I)\boldsymbol{u}' = \boldsymbol{u} \quad \text{すなわち} \quad A\boldsymbol{u}' = \lambda\boldsymbol{u}' + \boldsymbol{u}$$

を満たす $\boldsymbol{u}'$ を考えよう．この $\boldsymbol{u}'$ は $(A-\lambda I)\boldsymbol{u}' \neq \boldsymbol{o}$ だが，$(A-\lambda I)^2\boldsymbol{u}' = \boldsymbol{o}$ ではあることに注意せよ．

上の固有値と固有ベクトルの具体的な成分表示から，このような $\boldsymbol{u}'$ が実際存在することがわかる．この $\boldsymbol{u}'$ と $\boldsymbol{u}$ は独立である．なぜならば，もし $\boldsymbol{u} = k\boldsymbol{u}'$ ならば，$A\boldsymbol{u}' = (k+\lambda)\boldsymbol{u}'$ となって，λ が唯一の固有値であることに反する．

よって，$(\boldsymbol{u}, \boldsymbol{u}')$ を基底にとることができて，この基底のもとで A は

$$A = \begin{bmatrix} \lambda & 1 \\ 0 & \lambda \end{bmatrix}$$

と書け，対角化はできないものの，やはり簡単な形に表せる．

そして，この A が表す線形写像の正体は，$\boldsymbol{u}$ 方向を λ 倍，$\boldsymbol{u}'$ 方向も同じく λ 倍して $\boldsymbol{u}$ を足す，という写像である．

各状況についてまとめると，異なる固有値が 2 つある場合 (2 つの実数解)，固有値がただ 1 つだけある場合 (実数の重解)，固有値が存在しない場合 (複素数まで考えれば共役な 2 つの複素数解)，それぞれに対し，行列は

$$\begin{bmatrix} \lambda_1 & 0 \\ 0 & \lambda_2 \end{bmatrix}, \quad \begin{bmatrix} \lambda & 0 \\ 0 & \lambda \end{bmatrix} \text{ or } \begin{bmatrix} \lambda & 1 \\ 0 & \lambda \end{bmatrix}, \quad \begin{bmatrix} \mu & \nu \\ -\nu & \mu \end{bmatrix}$$

のような「標準形」を持つ．つまり適当に基底をとれば，行列を上のような単純な形に表示できる．それぞれが線形写像としてどういう作用であるかは，この形から明白である．

0.1.13　多重線形性とテンソル

第 0.1.5 項で見たように，線形性とはベクトルに関する写像 A が，任意のベクトル $\boldsymbol{u}, \boldsymbol{v}$ と実数 k, l について，

$$A(k\boldsymbol{u} + l\boldsymbol{v}) = kA(\boldsymbol{u}) + lA(\boldsymbol{v})$$

という関係を満たすことであった．そして，ベクトルをベクトルに写す線形な写像は，独立なベクトルの組である基底を用いることで，行列で表現することができた．線形代数学における，このベクトル，独立性，線形性，行列の関係は強調し切れないほど重要であり，実際たったこれだけのことから生み出される理論全体が線形代数であると言ってもよい．

この線形性の仲間として，多重線形性の概念がある．線形性で考えている写像は変数が 1 つだけだったが，2 つ以上の変数を持つ写像 $A(\boldsymbol{u}_1, \boldsymbol{u}_2, \ldots, \boldsymbol{u}_n)$ を考えよう．このとき，各変数それぞれについて線形であるような写像を多重線形写像である，または多重線形性を持つと言う．つまり，各変数それぞれについて，他の変数を固定したときに，

$$A(\ldots, k\boldsymbol{u} + l\boldsymbol{v}, \ldots) = kA(\ldots, \boldsymbol{u}, \ldots) + lA(\ldots, \boldsymbol{v}, \ldots)$$

が成り立つことである．

これは線形性の自然な拡張であり，この章でも既にいくつか多重線形性を持つ写像が現れている．例えば，内積を 2 つのベクトルを 1 つの実数に対応させる写像だと思って，$P(\boldsymbol{u}_1, \boldsymbol{u}_2) = \langle \boldsymbol{u}_1, \boldsymbol{u}_2 \rangle$ と書くと，

$$\begin{aligned} P(k\boldsymbol{u} + l\boldsymbol{v}, \boldsymbol{x}) &= kP(\boldsymbol{u}, \boldsymbol{x}) + lP(\boldsymbol{v}, \boldsymbol{x}), \\ P(\boldsymbol{x}, k\boldsymbol{u} + l\boldsymbol{v}) &= kP(\boldsymbol{x}, \boldsymbol{u}) + lP(\boldsymbol{x}, \boldsymbol{v}) \end{aligned}$$

が成り立っている．つまり多重線形性を持つ．このことは，演習問題 0.1 で見た内積の幾何学的な意味からも自然に了解される．

また，行列 A の行列式 $\det(A)$ を，縦ベクトル $\boldsymbol{u}_1, \boldsymbol{u}_2$ を並べた行列の行列式と解釈して，$D(\boldsymbol{u}_1, \boldsymbol{u}_2)$ と書けば，

$$\begin{aligned} D(k\boldsymbol{u} + l\boldsymbol{v}, \boldsymbol{x}) &= \det \begin{bmatrix} ku_1 + lv_1 & x_1 \\ ku_2 + lv_2 & x_2 \end{bmatrix} = (ku_1 + lv_1)x_2 - x_1(ku_2 + lv_2) \\ &= k(u_1 x_2 - x_1 u_2) + l(v_1 x_2 - x_1 v_2) \\ &= kD(\boldsymbol{u}, \boldsymbol{x}) + lD(\boldsymbol{v}, \boldsymbol{x}) \end{aligned}$$

であり，同様に第 1 変数を固定して第 2 変数についても線形性が言えるから，

やはり多重線形性を持つ．このことは，演習問題 0.7 で見た行列式の幾何学的な意味からも自然に了解される．

ただし，内積と行列式は両者とも 2 変数の多重線形写像である一方で，重要な違いがある．それは，2 変数に対して異なる対称性を持つことである．つまり，

$$P(\boldsymbol{u},\boldsymbol{v}) = P(\boldsymbol{v},\boldsymbol{u}) \quad \text{である一方で} \quad D(\boldsymbol{u},\boldsymbol{v}) = -D(\boldsymbol{v},\boldsymbol{u})$$

である．この差は多重線形性を考える上で重要な特徴になる．

ベクトルからベクトルへの線形写像が，基底をとることによって行列で表現できたように，多重線形写像はある基底のもとでどのように表現されるだろうか．2 つのベクトルを変数に持つ多重線形写像 M で考えてみよう．

基底 $(\boldsymbol{x},\boldsymbol{y})$ をとって，2 つのベクトルを $\boldsymbol{u} = u_1\boldsymbol{x} + u_2\boldsymbol{y}, \boldsymbol{v} = v_1\boldsymbol{x} + v_2\boldsymbol{y}$ と表すと，

$$\begin{aligned} M(\boldsymbol{u},\boldsymbol{v}) &= M(u_1\boldsymbol{x} + u_2\boldsymbol{y}, v_1\boldsymbol{x} + v_2\boldsymbol{y}) \\ &= u_1M(\boldsymbol{x}, v_1\boldsymbol{x} + v_2\boldsymbol{y}) + u_2M(\boldsymbol{y}, v_1\boldsymbol{x} + v_2\boldsymbol{y}) \\ &= u_1v_1M(\boldsymbol{x},\boldsymbol{x}) + u_1v_2M(\boldsymbol{x},\boldsymbol{y}) + u_2v_1M(\boldsymbol{y},\boldsymbol{x}) + u_2v_2M(\boldsymbol{y},\boldsymbol{y}). \end{aligned}$$

よって，$M(\boldsymbol{x},\boldsymbol{x}), M(\boldsymbol{x},\boldsymbol{y}), M(\boldsymbol{y},\boldsymbol{x}), M(\boldsymbol{y},\boldsymbol{y})$ の 4 つの量を定めれば，線形写像のときと同様に M のふるまいが完全に定まる．

ただし，このように M が 2 変数であれば，これら 4 つの量に対する成分を 2×2 の表に並べることが可能だが，一般には表の形に書くことはできない．

このような事情を綺麗に表現する方法が「テンソル」の概念である．例えば，基底 $(\boldsymbol{x},\boldsymbol{y})$ に対し操作 “$\otimes$” (テンソル積) で作られる新たな「基底」

$$(\boldsymbol{x}\otimes\boldsymbol{x},\ \boldsymbol{x}\otimes\boldsymbol{y},\ \boldsymbol{y}\otimes\boldsymbol{x},\ \boldsymbol{y}\otimes\boldsymbol{y})$$

で生成されるような線形空間 (テンソル空間) を考えるのである．

このように多重線形写像を 1 つの線形空間上の線形写像にするための仕組みがテンソルの理論である．この正確な意味は第 4 章で扱う．

0.2 基本事項の確認：集合，写像，複素数，代数学の基本定理

この節では，集合と写像に関する簡単な概念とその記号を確認する．また，複素数の簡単な性質についてまとめる．すべて基本的かつ標準的なものなので，馴染みのある読者は，本節を飛ばしておいて必要に応じて参照してもよい．

0.2.1　集合

集合とは「もの」の集まりのことである．記号では「もの」たちを括弧 $\{\}$ で囲んで表す．例えば，自然数 $1, 2, 3$ の集まりである集合 A を $A = \{1, 2, 3\}$ と書く．

集合に含まれる「もの」を要素または元と言う．上の例で 2 は集合 A の要素である，元である，2 は集合 A に含まれる，属する，などと言い，記号では $2 \in A$ と書く．逆に，集合の要素ではないことを記号 $\notin$ で書く．上の例では，$0 \notin A$ である．

集合の元は数に限らない．例えば集合自身でもよい．また特別の場合として，1 つも要素を持たない集合も許される．これを空集合と言い，$\emptyset$ の記号で書く．つまり，$\emptyset = \{\}$ である．

集合は，自然数全体や実数全体の集合のように，無限に多くの要素を含んでもよい．自然数全体の集合を $\mathbb{N}$ と書く．つまり $\mathbb{N} = \{1, 2, 3, \ldots\}$ である．また，実数全体を $\mathbb{R}$, 複素数全体を $\mathbb{C}$ と書く．

上のように集合の要素を具体的に列挙する他に，ある条件を満たすものの集まり, という形で集合を書けると便利である．例えば,「自然数の要素の中で, 3 以下であるようなもの」など．本書ではこれを “:” の記号で $A = \{n \in \mathbb{N} : n \leq 3\}$ のように書く．なお, 文脈が明らかな場合には, 省略記法として条件をつける前の集合を省略したり, 条件だけを書くこともある．つまり上の例では, $A = \{n : n \leq 3\}$ や，単に $A = \{n \leq 3\}$ と書くこともある．

また，集合を記述するもう 1 つの便利な方法は，要素に「添え字」をつけて添え字の条件式や添え字集合によってその範囲を示すことである．例えば，集合 $\{a_1, a_2, a_3, \ldots\}$ を簡潔に $\{a_i\}_{i \in \mathbb{N}}$ と書くなど．ここで i が添え字であり，その添え字が自然数全体にわたることを添え字集合 $\mathbb{N}$ を用いて $i \in \mathbb{N}$ と表している．添え字集合は有限集合でも無限集合でもよい．添え字集合が明らかな場合には，$\{a_n\}$ のように省略して書くこともある．

集合の間の包含関係を以下のように定義する．

定義 0.1　包含関係　2 つの集合 A, B に対して，集合 A の要素がすべて B の要素でもある場合，集合 B は集合 A を包含する (含む)，A は B の部分集合であるなどと言い，$A \subset B$ と書く．

また，$A \subset B$ かつ $B \subset A$ であるとき，集合 A, B は一致する (等しい) と言って，$A = B$ と書く．そうでないとき，A, B は一致しない (等しくない) と言って，$A \neq B$ と書く．

上の定義より，$A \subset B$ は $A = B$ の場合を含んでいることに注意せよ．なお定義より，空集合は任意の集合の部分集合であり，任意の集合は自分自身の部分集合である．

次に 2 つの集合の間の演算を以下のように用意する．

定義 0.2　和集合，積集合　2 つの集合 A, B に対し，A, B の少なくとも一方に含まれる要素の集合を A と B の和集合と呼び，$A \cup B$ と書く．

また，A, B の両方に含まれる要素の集合を A と B の積集合 (共通部分) と呼び，$A \cap B$ と書く．つまり，

$$A \cap B = \{x \in A : x \in B\} = \{x \in B : x \in A\}.$$

また，2 つ以上の集合の直積集合を以下で定義する．

定義 0.3　直積 (集合)　2 つ以上の集合 $X_1, \ldots, X_n$ について，集合

$$X_1 \times \cdots \times X_n = \{(x_1, \ldots, x_n) : x_1 \in X_1, \ldots, x_n \in X_n\}$$

のことを集合 $X_1, \ldots, X_n$ の直積，または直積集合と言う (ここで，$(\cdot, \cdots, \cdot)$ は順序を区別した組，例えば，$x \neq y$ である限り $(x, y) \neq (y, x)$)．

0.2.2 写像

2 つの集合 A, B に対し，A から B への写像を以下のように定義する．

定義 0.4　写像，定義域，終域　A の各元 $a \in A$ に対し B の元 $b \in B$ をただ 1 つずつ指定する対応 φ のことを集合 A から B への写像と言い，A をその定義域，B をその終域と言う．

φ が集合 A から B への写像であることを

$$\varphi : A \to B$$

と書く．また，写像 φ によって，定義域 A の元 a が B の元 b に対応させられるとき，b を φ による a の値，または像と言い，$b = \varphi(a)$ と書く．このような元の対応関係を強調するときは，

$$\varphi : a \mapsto b \quad \text{や，より詳しく} \quad \varphi : A \ni a \mapsto b \in B$$

のように書き，写像 φ は a を b に写す，などと言う．

写像の一意的存在などを主張するためには，写像が「等しい」ことを定義しておく必要がある．また，後でよく用いる写像の制限についても定義しておく．

定義 0.5　等しい写像，制限　2 つの写像 φ, φ' が等しい $(\varphi = \varphi')$ とは，定義域が等しく，かつ，定義域の任意の元 x について $\varphi(x) = \varphi'(x)$ となっていることである．

また，写像 $\varphi : A \to B$ を A の部分集合 $A' \subset A$ の上だけで考えたもの，

$$\varphi' : A' \ni a \mapsto \varphi(a) \in B$$

を φ の (A' への) 制限と言い，$\varphi|_{A'}$ と書く．

写像は以下のように定義域の部分集合を写すと見ることもできる．

定義 0.6　像　写像 $\varphi : A \to B$ に対し，A の部分集合 $X \subset A$ の元の φ による値すべてのなす集合を φ による X の像と言い，$\varphi(X)$ と書く．つまり，

$$\varphi(X) = \{\varphi(x) \in B : x \in X\}.$$

もちろん，$\varphi(X) \subset B$ である．特に $A = X$ のとき，つまり定義域全体の像 $\varphi(A)$ を単に φ の像，または φ の値域 [2] と呼ぶ．

写像を以下の 3 つの種類に分けることが基本的である [3]．

---

2) 終域を値域と呼ぶ流儀もあるので，混乱を避けるため本書では以降「値域」の語を用いない．

3) 以下の「全射」,「単射」の代わりに，それぞれ「上への写像」(onto mapping),「1 対 1 写像」(one-to-one mapping) の語も広く用いられている．

定義 0.7　全射，単射，全単射　写像 $\varphi : A \to B$ について，

- その (定義域の) 像が B に等しいとき，φ は全射であると言う．
- 任意の $a_1, a_2 \in A$ について，$a_1 \neq a_2$ ならば $\varphi(a_1) \neq \varphi(a_2)$ であるとき，φ は単射であると言う．
- φ が全射であり，かつ単射でもあるとき，全単射であると言う．

集合 A から B への写像 φ について，逆に B の元から A の元への対応を調べたくなることがある．以下がその基本的な概念である．

定義 0.8　逆像と逆写像　写像 $\varphi : A \to B$ について，B の部分集合 $E \subset B$ に対し A の元で E の元に写されるようなもの全体の集合，つまり，$\{a \in A : \varphi(a) \in E\}$ のことを E の逆像と言い，$\varphi^{-1}(E)$ と書く．

また，φ が全単射ならば，各 $b \in B$ に対して，$\varphi(a) = b$ となる $a \in A$ をただ 1 つ対応させることができる．この写像を φ の逆写像と言い，φ^{-1} と書く [4)]．つまり，

$$\varphi^{-1} : B \to A, \quad \varphi^{-1} : b \mapsto a = \varphi^{-1}(b).$$

2 つの写像を続けて行うことで以下のように写像の合成が考えられる．

定義 0.9　写像の合成　写像 $\varphi : A \to B$ と写像 $\psi : B' \to C$ について，もし $B \subset B'$ ならば，$a \in A$ に対し，$\varphi(a) \in B \subset B'$ を対応させ，さらに $\varphi(a) \in B'$ を $\psi(\varphi(a)) \in C$ に対応させることで，定義域 A から集合 C への写像が定義できる．これを写像 φ と ψ の合成と言い，$\psi \circ \varphi$ と書く [5)]．つまり，

$$\psi \circ \varphi : A \to C, \quad \psi \circ \varphi : a \mapsto \psi(\varphi(a)).$$

---

4) 逆写像は存在しないこともあるので，(写像と像のときのように) 逆写像と逆像に同じ記号 φ^{-1} を使うことは好ましくないが，広く使われている記法なので慣習に従っておく．

3 つの写像 φ, ψ, ϕ に対し，合成写像が定義できるなら，

$$(\varphi \circ \psi) \circ \phi = \varphi \circ (\psi \circ \phi)$$

や，集合 X 上の任意の元を自分自身に写す写像 (これを恒等写像と呼ぶ)

$$I_X : X \to X, \quad I_X : x \mapsto x = I_X(x)$$

と任意の $\varphi : A \to B$ に対して，$\varphi \circ I_A = I_B \circ \varphi = \varphi$ となることなど，写像の合成は代数的に非常に良い性質を持っていることに注意を促しておく．

注意 0.1　写像の合成による逆写像の定義　写像 $\varphi : A \to B$ の逆写像を，

$$\varphi^{-1} \circ \varphi = I_A \quad \text{かつ} \quad \varphi \circ \varphi^{-1} = I_B$$

を満たす $\varphi^{-1} : B \to A$ として定義する流儀もある．

この定義は，写像の合成と恒等写像という数学の本質をなす言葉で直接に述べられていることが好ましい．しかし，ややわかり難いし，全単射との関係や一意性が自明ではない．以下ではこれを証明しておこう．

まず，$\varphi^{-1} \circ \varphi = I_A$ より，$a, a' \in A$ について $\varphi(a) = \varphi(a')$ ならば，

$$\begin{aligned} a &= I_A(a) = (\varphi^{-1} \circ \varphi)(a) = \varphi^{-1}(\varphi(a)) = \varphi^{-1}(\varphi(a')) \\ &= (\varphi^{-1} \circ \varphi)(a') = I_A(a') = a'. \end{aligned}$$

よってその対偶[6]，$a \neq a'$ ならば $\varphi(a) \neq \varphi(a')$ も正しく，φ は単射．

また，$\varphi \circ \varphi^{-1} = I_B$ より，各 $b \in B$ について $\varphi(a) = b$ となる $a = \varphi^{-1}(b)$ があるので，φ は全射．よって，φ は全単射．

逆に φ が全単射ならば，$\varphi' : B \to A$ を $\varphi \circ \varphi'(b) = b$ で定めれば，

$$\varphi(\varphi' \circ \varphi(a)) = (\varphi \circ \varphi')(\varphi(a)) = I_B(\varphi(a)) = \varphi(a)$$

と φ が単射であることより，$\varphi' \circ \varphi = I_A$ だから，φ' は逆写像．よって，上の意味で逆写像を持つことと全単射であることは同値．

さらに，もし，$\psi, \psi' : B \to A$ が両方とも φ の逆写像ならば，

$$\psi = \psi \circ I_B = \psi \circ (\varphi \circ \psi') = (\psi \circ \varphi) \circ \psi' = I_A \circ \psi' = \psi'$$

なので，φ^{-1} は一意的．

[5] 写像 φ に続けて写像 ψ を行う合成写像を逆順に $\psi \circ \varphi$ と書くことに注意．

0.2.3 複素数と「代数学の基本定理」

複素数 $z \in \mathbb{C}$ とは 2 つの実数 $a, b \in \mathbb{R}$ と虚数単位 i によって，$z = a + bi$ と書かれる数のことである．ここに，虚数単位 i について $i^2 = -1$ が成り立つものとする．実数自体も $b = 0$ の場合だから $(z = a + i \cdot 0)$，複素数は実数の拡張概念である．逆に $a = 0$ のときは純虚数と言う．

また，この書き方 $z = a + ib$ に対し，a を $a = \mathrm{Re}(z)$ と書いて z の実部，b を $b = \mathrm{Im}(z)$ と書いて虚部と言う．

実数の組 (a, b) と (c, d) に対応する複素数 $z_1 = a + ib$ と $z_2 = c + id$ の「和」と「積」は以下のように計算される．

$$z_1 + z_2 = (a + ib) + (c + id) = (a + c) + i(b + d),$$

$$z_1 z_2 = (a + ib)(c + id) = (ac - bd) + i(ad + bc).$$

つまり，$i^2 = -1$ にだけ注意して，通常の和や積のつもりで計算すればよい．

逆に言えば，複素数とは 2 つの実数の組 (a, b) 全体に上のように和と積を定義したものであり，$(0, 1)$ に対応する複素数を特に i と書く，と考えてもよい．

複素数に対する重要な操作に以下の「複素共役」がある．ある複素数 z に対し虚部の符号のみを入れ替えた複素数のことを，z の共役複素数，または複素共役，単に共役などと言い，記号 $\overline{z}$ で

$$\overline{z} = \overline{a + ib} = a - ib$$

のように書く．$z + \overline{z} = 2a$, $z - \overline{z} = 2ib$ だから，前者は常に実数で，後者は常に純虚数である．また，$z = \overline{z}$ が成立することと z が実数であることは同値．

実数の組 (a, b) に対応する複素数 $z = a + ib$ に対し，

$$z\overline{z} = (a + ib)\overline{(a + ib)} = (a + ib)(a - ib) = a^2 + b^2$$

となり，座標平面上の点 (a, b) と原点との距離の 2 乗になっていることから，$|z| = \sqrt{z\overline{z}}$ と書いて，この $|z|$ を複素数 z の絶対値と言う．上の計算より，絶対値は必ず非負の実数であり，$z = 0$ のときに限り $|z| = 0$.

複素数の和，積と複素共役，絶対値との間に以下のような関係があることは，容易に確認できる．

---

[6] 命題「A ならば B」に対し，命題「B でないならば A でない」を元の命題の対偶と言う．命題とその対偶とは真偽が一致する．

$$\overline{\overline{z}} = z, \quad \overline{z_1 + z_2} = \overline{z_1} + \overline{z_2}, \quad \overline{z_1 z_2} = \overline{z_1}\,\overline{z_2}, \quad \overline{\left(\frac{z_1}{z_2}\right)} = \frac{\overline{z_1}}{\overline{z_2}},$$

$$|z_1 + z_2| \leq |z_1| + |z_2|, \quad |z_1 z_2| = |z_1||z_2|.$$

複素数の重要な性質は代数的な意味での十分性である．例えば，実数 $a(\neq 0), b, c$ を係数に持つ 2 次方程式 $ax^2 + bx + c = 0$ の解は

$$x = \frac{-b \pm \sqrt{b^2 - 4ac}}{2a}$$

と書けるのだったが，判別式 $D = b^2 - 4ac$ が負ならば，この解 x は実数ではない．一方，係数 a, b, c が複素数だったとしても，解 x は常に複素数である．この意味で，2 次方程式にとって複素数は十分な世界で，これ以上拡張する必要がない．

以下の「代数学の基本定理」とそれから導かれる 2 つの定理はこの事情を一般化したもので，複素数に関する最も重要な性質である．実際，線形代数においても以下の定理が重要な役割を果たす．これらの証明は本書では省略する．

定理 0.1　代数学の基本定理　複素数を係数に持つ (定数でない) 多項式は複素数の範囲で根を持つ．

定理 0.2　複素数を係数に持つ (定数でない) 多項式 $p(z)$ に対し，複素数 $c, \lambda_1, \ldots, \lambda_n \in \mathbb{C}$ が一意的に存在して，以下の形に書ける．

$$p(z) = c(z - \lambda_1) \cdots (z - \lambda_n).$$

定理 0.3　実数を係数に持つ (定数でない) 多項式 $p(x)$ に対し，実数 c と n 個の実数 $\lambda_1, \ldots, \lambda_n$ と，各 j について $\alpha_j^2 < 4\beta_j$ であるような m 個の実数の組 $(\alpha_1, \beta_1), \ldots, (\alpha_m, \beta_m)$ が一意的に存在して，以下の形に書ける (ただし，n または m は 0 かもしれない)．

$$p(x) = c(x - \lambda_1) \cdots (x - \lambda_n)(x^2 + \alpha_1 x + \beta_1) \cdots (x^2 + \alpha_m x + \beta_m).$$

第 1 章

線形性 1 — 線形空間とベクトル

この章では，線形空間と独立性の概念を定義し，そこから導かれる性質を整理する．線形な演算ができるということ，その元が独立であるということ，このたった 2 つの定義から，線形代数の舞台が用意される．

1.1 線形空間とベクトル

1.1.1 ベクトルと線形空間の定義

初学者に対しては，「ベクトルとは方向と大きさを持った量である」としばしば説明されるが，「方向」や「大きさ」[1] が何であるかよくわからない以上，この説明は数学的な定義とは言えない．

数学的には，ベクトルとはある性質を持つ集合の元のことである．つまり，その性質さえ満たしていればそれは何であれベクトルであり，それ以上でも以下でもない．そして，ベクトルの理論はこの定義のみを用いて展開されるので，その結果は定義を満たすものなら何にでも応用できる．

線形空間を以下のように定義する．ここで F と書かれる「数」の集合は，おおらかに言えば加減乗除の四則演算ができる集合，厳密には「体」であるが，本書を通じて「F 上の線形空間」と書いたときには，F は実数全体 $\mathbb{R}$ か複素数全体 $\mathbb{C}$ のどちらかのことであると約束しておく．F の元をスカラーと呼ぶ．

定義 1.1　線形空間，ベクトルの和とスカラー倍　集合 V が F 上の線形空間 (ベクトル空間) であるとは，以下の性質を持つことである．また，線形空間の元をベクトルと呼ぶ．

- 各 $\boldsymbol{u}, \boldsymbol{v} \in V$ について，$\boldsymbol{u} + \boldsymbol{v} \in V$ がただ 1 つ決まり，以下の性質を満

[1] しかも通常，線形空間 (ベクトル空間) の定義では，「大きさ」や「長さ」は必要とされない．これは「ノルム」という概念に抽象化されて，のちに第 5 章で定義される．

たす．この $\boldsymbol{u}+\boldsymbol{v}$ をベクトル $\boldsymbol{u},\boldsymbol{v}$ の和と言う．

・任意の $\boldsymbol{u},\boldsymbol{v}\in V$ について，$\boldsymbol{u}+\boldsymbol{v}=\boldsymbol{v}+\boldsymbol{u}$.

・任意の $\boldsymbol{u},\boldsymbol{v},\boldsymbol{w}\in V$ について $(\boldsymbol{u}+\boldsymbol{v})+\boldsymbol{w}=\boldsymbol{u}+(\boldsymbol{v}+\boldsymbol{w})$.（よって，和をとる順序を括弧で指定する必要はない）

・ある特別な元 $\boldsymbol{o}\in V$ が存在して，任意の $\boldsymbol{v}\in V$ に対して $\boldsymbol{v}+\boldsymbol{o}=\boldsymbol{v}$ が成り立つ．この $\boldsymbol{o}$ を零ベクトルと言う．

・各 $\boldsymbol{v}\in V$ に対して $\boldsymbol{v}+\boldsymbol{w}=\boldsymbol{o}$ となるような $\boldsymbol{w}\in V$ が存在する．この $\boldsymbol{w}$ を $\boldsymbol{v}$ に対し $-\boldsymbol{v}$ と書き，$\boldsymbol{v}$ の逆ベクトルと言う．

- 各 $a\in F$ と $\boldsymbol{v}\in V$ に対し $a\boldsymbol{v}\in V$ がただ1つ決まり，以下を満たす．この $a\boldsymbol{v}$ をベクトル $\boldsymbol{v}$ のスカラー倍，または単に a 倍と言う．

・$1\in F$ と任意の $\boldsymbol{v}\in V$ に対し，$1\boldsymbol{v}=\boldsymbol{v}$.

・任意の $a,b\in F$ と $\boldsymbol{v}\in V$ に対し，$(ab)\boldsymbol{v}=a(b\boldsymbol{v})$.

・任意の $a,b\in F$ と $\boldsymbol{u},\boldsymbol{v}\in V$ に対し，$a(\boldsymbol{u}+\boldsymbol{v})=a\boldsymbol{u}+a\boldsymbol{v}$ であり，また，$(a+b)\boldsymbol{u}=a\boldsymbol{u}+b\boldsymbol{u}$.

つまり，線形空間とは自然な足し算と定数倍が定義されている空間であり，ベクトルとはその元のことである．

注意深い読者は，上の定義では一見，当然必要とされる性質が要請されていないように思われるかもしれない．しかし，そのような「自然な」性質は，上の定義だけから以下のように導ける．

定理 1.1　F 上の線形空間 V について以下が成り立つ．

1. 零ベクトル $\boldsymbol{o}$ は一意である．つまり，ただ1つだけ存在する．
2. 任意の $\boldsymbol{v}\in V$ について，その0倍は零ベクトルに等しい．つまり，$0\boldsymbol{v}=\boldsymbol{o}$.
3. 任意の $a\in F$ について，零ベクトルの a 倍も零ベクトルである．つまり，$a\boldsymbol{o}=\boldsymbol{o}$.
4. 任意の $\boldsymbol{v}\in V$ について，その逆ベクトル $-\boldsymbol{v}$ は一意である．
5. 任意の $\boldsymbol{v}\in V$ について，その (-1) 倍は逆ベクトルに等しい．つまり，$(-1)\boldsymbol{v} = -\boldsymbol{v}$.（これより，$\boldsymbol{u} + (-1)\boldsymbol{v} = \boldsymbol{u} + (-\boldsymbol{v})$ を $\boldsymbol{u} - \boldsymbol{v}$ とも書く）

証明 (証明に慣れていない読者は，以下の各証明でどのように定義 1.1 の性質が使われているか，よく吟味されたい)

1. $\boldsymbol{o}$ の他に $\boldsymbol{o}'$ も V の零ベクトルであるとする．$\boldsymbol{o}$ は零ベクトルなので $\boldsymbol{o}' + \boldsymbol{o} = \boldsymbol{o}'$ だが，$\boldsymbol{o}'$ も零ベクトルなので $\boldsymbol{o} + \boldsymbol{o}' = \boldsymbol{o}$. ゆえに，$\boldsymbol{o}' = \boldsymbol{o}$.
2. 任意の $\boldsymbol{v} \in V$ について，
$$0\boldsymbol{v} = (0+0)\boldsymbol{v} = 0\boldsymbol{v} + 0\boldsymbol{v}$$
であるが，この両辺と $0\boldsymbol{v}$ の逆ベクトルの和をとると，
$$\boldsymbol{o} = 0\boldsymbol{v} + (-0\boldsymbol{v}) = 0\boldsymbol{v} + 0\boldsymbol{v} + (-0\boldsymbol{v}) = 0\boldsymbol{v}.$$
3. 任意の $a \in F$ について，
$$a\boldsymbol{o} = a(\boldsymbol{o} + \boldsymbol{o}) = a\boldsymbol{o} + a\boldsymbol{o}$$
であるが，この両辺と $a\boldsymbol{o}$ の逆ベクトルの和をとると，
$$\boldsymbol{o} = a\boldsymbol{o} + (-a\boldsymbol{o}) = a\boldsymbol{o} + a\boldsymbol{o} + (-a\boldsymbol{o}) = a\boldsymbol{o}.$$
4. $\boldsymbol{w}, \boldsymbol{w}' \in V$ のどちらも $\boldsymbol{v} \in V$ の逆ベクトルであるとすると，
$$\boldsymbol{w} = \boldsymbol{w} + \boldsymbol{o} = \boldsymbol{w} + (\boldsymbol{v} + \boldsymbol{w}') = (\boldsymbol{w} + \boldsymbol{v}) + \boldsymbol{w}' = \boldsymbol{w}'.$$
5. 任意の $\boldsymbol{v} \in V$ について，
$$\boldsymbol{v} + (-1)\boldsymbol{v} = 1\boldsymbol{v} + (-1)\boldsymbol{v} = (1 + (-1))\boldsymbol{v} = 0\boldsymbol{v} = \boldsymbol{o}.$$

□

1.1.2 ベクトルと線形空間の例

前項で定義した線形空間の例をいくつか挙げておく．

前章では 2 次元の座標空間 $\mathbb{R}^2$ を 2 次元の線形空間と同一視していたように，以下の座標空間が最も重要な例だろう．

例 1.1 座標空間 座標空間 F^n，つまり F の n 個の直積，すなわち F の n 個の元の (順序を区別した) 組 $(a_1, a_2, \ldots, a_n)$ 全体のなす集合

$$F^n = \{(a_1, a_2, \ldots, a_n) : a_1, a_2, \ldots, a_n \in F\}$$

は，その元の和を

$$(a_1, a_2, \ldots, a_n) + (b_1, b_2, \ldots, b_n) = (a_1 + b_1, a_2 + b_2, \ldots, a_n + b_n)$$

で定義し，任意の $c \in F$ に対しスカラー倍を

$$c(a_1, a_2, \ldots, a_n) = (ca_1, ca_2, \ldots, ca_n)$$

で定義すれば，F 上の線形空間になっている (なお $\boldsymbol{o} = (0, \ldots, 0)$).

よって，馴染みの $\mathbb{R}^2, \mathbb{R}^3$ はそれぞれ $\mathbb{R}$ 上の線形空間である．初学者はこの例以外には想像し難いかもしれないが，実は，以下のように様々な数学的対象が線形空間であり，線形代数を応用できる．

例 1.2 数列 F の元の数列 $\{a_n\}_{n=1}^{\infty}$ の全体は，通常の数列の和と定数倍のもとで，つまり

$$\{a_n\} + \{b_n\} = \{a_n + b_n\}, \quad c\{a_n\} = \{ca_n\}$$

で和とスカラー倍を定義すれば，F 上の線形空間である (零ベクトルはすべて 0 の数列 $\{0\}_{n=1}^{\infty}$).

例 1.3 多項式 変数 x の F 値の係数を持つ n 次以下の多項式 $a_n x^n + a_{n-1} x^{n-1} + \cdots + a_1 x + a_0$ の全体は，通常の多項式の和と定数倍の意味で，つまり，

$$\sum_{i=0}^{n} a_i x^i + \sum_{i=0}^{n} b_i x^i = \sum_{i=0}^{n} (a_i + b_i) x^i, \quad c \sum_{i=0}^{n} a_i x^i = \sum_{i=0}^{n} c a_i x^i$$

で和とスカラー倍を定義すれば，F 上の線形空間である (零ベクトルは恒等的に 0 である多項式).

例 1.4 関数 ある区間 $I \subset \mathbb{R}$ 上で定義された F 値の関数全体は，その元 f, g と $c \in F$ に対して，和とスカラー倍を

$$f+g : x \mapsto f(x)+g(x), \quad cf : x \mapsto cf(x)$$

という関数で定義すれば，F 上の線形空間である (零ベクトルは I 上で恒等的に 0 である関数).

例 1.5 線形微分方程式の解 F 値の定係数 n 階線形微分方程式

$$a_n \frac{d^n}{dt^n}x(t) + a_{n-1}\frac{d^{n-1}}{dt^{n-1}}x(t) + \cdots + a_1\frac{d}{dt}x(t) + a_0 x(t) = 0$$

の解全体は，上の例 1.4 と同じ和とスカラー倍の意味で線形空間．実際，$x(t), y(t)$ が解なら $x(t)+y(t)$ も解だし，任意の $k \in F$ に対し $kx(t)$ も解 (零ベクトルは恒等的に 0 である関数).

最後に示す以下の例は抽象的でもあり，また一見は自明だが，どんなものでも線形空間にできてしまうことを意味していて，数学やその応用の色々な場面で便利に用いられる．

例 1.6 記号から生成される線形空間 ある m 個の記号の集合 $E = \{e_1, \ldots, e_m\}$ に対し，m 個のスカラーを各記号にかけて形式的「和」をとった形 $a_1e_1 + \cdots + a_me_m$ の全体は，和を

$$(a_1e_1+\cdots+a_me_m)+(b_1e_1+\cdots+b_me_m) = (a_1+b_1)e_1+\cdots+(a_m+b_m)e_m$$

で定義し，そのスカラー倍を

$$k(a_1e_1 + \cdots + a_me_m) = (ka_1)e_1 + \cdots + (ka_m)e_m$$

で定義することで線形空間とみなせる ($\boldsymbol{o} = 0e_1 + \cdots + 0e_m$).

1.2 線形部分空間，和と直和

1.2.1 線形部分空間

前節で定義された線形空間をこれから調べていく上で，以下の線形部分空間

の概念や，線形部分空間への「分解」が基本的な手段になる．

定義 1.2 線形部分空間 (部分ベクトル空間) F 上の線形空間 V に対し，その部分集合 $U \subset V$ が以下の性質を持つとき，V の線形部分空間 (または部分ベクトル空間) であると言う．

1. U は V の零ベクトル $\boldsymbol{o}$ を元に持つ，つまり，$\boldsymbol{o} \in U$.
2. U は V のベクトルの和 "+" について「閉じている」，つまり，

$$\boldsymbol{u}, \boldsymbol{v} \in U \quad \text{ならば} \quad \boldsymbol{u} + \boldsymbol{v} \in U.$$

3. U は V のスカラー倍について閉じている，つまり，

$$c \in F, \boldsymbol{u} \in U \quad \text{ならば} \quad c\boldsymbol{u} \in U.$$

すなわち，線形部分空間とは線形空間に含まれている線形空間である．いくつか例を見ておこう．

例 1.7 $\mathbb{R}^n$ の部分空間，直線 零ベクトルでない元 $\boldsymbol{v} \in \mathbb{R}^n$ を 1 つ固定して，その実数倍全体，

$$V_1 = \{k\boldsymbol{v} \in \mathbb{R}^n : k \in \mathbb{R}\}$$

は $\mathbb{R}^n$ の線形部分空間である (これは原点を通る直線)．

また，各座標の和が 0 であるようなベクトルに限ったもの，

$$V_2 = \{(a_1, \ldots, a_n) \in \mathbb{R}^n : a_1 + \cdots + a_n = 0\}$$

も $\mathbb{R}^n$ の線形部分空間である (これは原点を通る超平面)．

各座標の 1 つ以上が 0 であるようなベクトルに限ったもの，

$$V_3 = \{(a_1, \ldots, a_n) \in \mathbb{R}^n : a_1 \cdots a_n = 0\}$$

は実数倍について閉じているが，ベクトルの和については閉じていないので，$\mathbb{R}^n$ の線形部分空間ではない．

例 1.8 2 次以下の (実) 多項式 $p(x) = a_0 + a_1x + a_2x^2$ 全体のなす $\mathbb{R}$ 上の線形空間 P_2 に対し，特に $p(1) = 0$ であるもの全体の集合 P_2' はその線形部分空間である．

しかし，P_2 の元で特に $p(1) = 1$ であるもの全体の集合 P_2'' は，線形部分空間ではない．なぜなら，$p(1) = a_0 + a_1 + a_2 = 1$ より，P_2 の零ベクトルである多項式 0 を含んでいないし，また，多項式の和についても実数倍についても閉じていない．

やや抽象的な例もいくつか挙げておこう．

例 1.9 抽象的な「直線」 零ベクトル以外に元を持つ F 上の線形空間 V に対し，零ベクトルでない $\boldsymbol{v} \in V$ を 1 つ選んで，$U = \{k\boldsymbol{v} : k \in F\}$ とすると，U は V の線形部分空間．

例 1.10 線形空間の共通部分 線形空間 V の 2 つの線形部分空間 U_1, U_2 に対し，その共通部分 $U_1 \cap U_2$ も V の線形部分空間である．

実際，U_1, U_2 が線形部分空間であることより，$\boldsymbol{o} \in U_1, \boldsymbol{o} \in U_2$ だから，$\boldsymbol{o} \in U_1 \cap U_2$．また，$\boldsymbol{v}, \boldsymbol{w} \in U_1 \cap U_2$ ならば，U_1 が線形部分空間であることより $\boldsymbol{v} + \boldsymbol{w} \in U_1$，かつ，同様に U_2 が線形部分空間であることより $\boldsymbol{v} + \boldsymbol{w} \in U_2$ だから $\boldsymbol{v} + \boldsymbol{w} \in U_1 \cap U_2$．スカラー倍についても同様．

しかし，$U_1 \cup U_2$ は一般には V の線形部分空間ではない (確認せよ)．

例 1.11 線形空間 V に対し，V 自身は明らかに V の線形部分空間．また，V の零ベクトルのみのなす線形空間 $\{\boldsymbol{o}\}$ も線形部分空間．

1.2.2 線形空間の和と直和

線形空間に含まれる線形空間が定義できたので，次は線形空間を小さな線形空間に「分解する」，つまり，いくつかの線形空間の「和」で表すことを考えたい．

まず自然に考えられる線形空間の和は以下の定義だろう．

定義 1.3　線形空間の和　$V_1, \cdots, V_m$ を F 上の線形空間 V の線形部分空間とするとき，各線形部分空間の元の和全体，つまり，

$$V_1 + \cdots + V_m = \{\boldsymbol{v}_1 + \cdots + \boldsymbol{v}_m : \boldsymbol{v}_1 \in V_1, \ldots, \boldsymbol{v}_m \in V_m\}$$

を線形空間 $V_1, \ldots, V_m$ の和と言う．

演習問題 1.1

線形空間の和が線形空間であることを確認せよ．

線形空間の和の例を挙げておく．

例 1.12　座標空間 $\mathbb{R}^3$ に対し，

$$V_1 = \{(a, 0, 0) : a \in \mathbb{R}\}, \quad V_2 = \{(0, b, 0) : b \in \mathbb{R}\},$$

$$V_3 = \{(c, d, 0) : c, d \in \mathbb{R}\}, V_4 = \{(0, e, f) : e, f \in \mathbb{R}, e + f = 0\},$$

はそれぞれ線形部分空間であり，その和 $V_1 + V_2$ は V_3 に等しい ($V_1 + V_2 = V_3$)．また，$V_1 + V_2 + V_4 = V_3 + V_4 = \mathbb{R}^3$.

例 1.13　2 次以下の (実係数) 多項式全体のなす線形空間

$$P_2 = \{a_0 + a_1 x + a_2 x^2 : a_0, a_1, a_2 \in \mathbb{R}\}$$

に対し，P_2 の元 $p(x)$ で特に $p(1) = 0$ であるもの全体 P_2'，また，特に $p(0) = 0$ であるもの全体 P_2'' はそれぞれ P_2 の線形部分空間で，それらの和 $P_2' + P_2''$ は P_2 に等しい．なぜなら，任意の 2 次以下の多項式は

$$a_0 + a_1 x + a_2 x^2 = (a_0 + a_1 + a_2)x + (a_2 - a_0)(x - 1) + a_2(x - 1)^2$$

と書けて，$(a_2 - a_0)(x - 1) + a_2(x - 1)^2 \in P_2'$ かつ $(a_0 + a_1 + a_2)x \in P_2''$.

線形空間 V がその部分空間 $V_1, \ldots, V_m$ の和 $V = V_1 + \cdots + V_m$ で書けるときに，これを V の「分解」であるように考えたい．各 $\boldsymbol{v} \in V$ に対して，

$\boldsymbol{v} = \boldsymbol{v}_1 + \cdots + \boldsymbol{v}_m$ と書ける $\boldsymbol{v}_i \in V_i\,(i = 1, \ldots, m)$ が一意に定まるなら，この和は分解の名にふさわしいだろう．しかし，線形空間の和の概念はこの意味では十分でないので，より強い「直和」の概念を以下のように定義する．

定義 1.4 線形空間の直和　F 上の線形空間 V がその線形部分空間 $V_1, \cdots, V_m$ で $V = V_1 + \cdots + V_m$ と表され，しかも，各 $\boldsymbol{v} \in V$ に対し $\boldsymbol{v} = \boldsymbol{v}_1 + \cdots + \boldsymbol{v}_m$ と書く $\boldsymbol{v}_1 \in V_1, \ldots, \boldsymbol{v}_m \in V_m$ が一意に存在するとき，V は $V_1, \ldots, V_m$ の直和であると言い，$V = V_1 \oplus \cdots \oplus V_m$ と書く．

線形空間の直和が和であることは定義に含まれているが，和と直和の間にはどういう差があるのか，以下の例で見ておこう．

例 1.14　座標空間 $\mathbb{R}^3$ に対し，

$$V_1 = \{(a, b, 0) : a, b \in \mathbb{R}\}, \quad V_2 = \{(0, 0, c) : c \in \mathbb{R}\}$$

$$V_3 = \{(0, d, e) : d, e \in \mathbb{R}\},$$

はそれぞれ線形部分空間である．

まず，$\mathbb{R}^3 = V_1 + V_2$ であり，かつ，$\mathbb{R}^3 = V_1 \oplus V_2$ でもある．

しかし，$\mathbb{R}^3 = V_1 + V_3$ であるが，$\mathbb{R}^3$ は V_1, V_3 の直和ではない．実際，

$$(0, 0, 0) = (0, 0, 0) + (0, 0, 0) = (0, 1, 0) + (0, -1, 0)$$

だから，$(0, 0, 0) \in \mathbb{R}^3$ は少なくとも 2 通り (実際は無限に多く) の方法で V_1, V_3 の元の和で書けてしまう．

和が直和になるための必要十分条件としては，以下が基本的である．

定理 1.2　線形空間 V がその線形部分空間 $V_1, \ldots, V_m$ の直和であるための必要十分条件は，$V = V_1 + \cdots + V_m$ であって，かつ，$\boldsymbol{o} \in V$ を $V_1, \ldots, V_m$ の各元の和で書く方法が $\boldsymbol{o} \in V_1, \ldots, \boldsymbol{o} \in V_m$ による $\boldsymbol{o} = \boldsymbol{o} + \cdots + \boldsymbol{o}$ のみであること．

証明　まず，$V = V_1 \oplus \cdots \oplus V_m$ を仮定すると，$\boldsymbol{o}$ は $\boldsymbol{v}_1 \in V_1, \ldots, \boldsymbol{v}_m \in V_m$ で一通りに $\boldsymbol{o} = \boldsymbol{v}_1 + \cdots + \boldsymbol{v}_m$ と書ける．実際，$\boldsymbol{o} = \boldsymbol{o} + \cdots + \boldsymbol{o}$ なので，$\boldsymbol{v}_1 = \cdots = \boldsymbol{v}_m = \boldsymbol{o}$ である．また，$V = V_1 + \cdots + V_m$ であることは直和の定義に含まれている．

今度は逆に，$V = V_1 + \cdots + V_m$ かつ，$\boldsymbol{o} \in V$ を $V_1, \ldots, V_m$ の各元の和で書く方法が $\boldsymbol{o} = \boldsymbol{o} + \cdots + \boldsymbol{o}$ のみであると仮定する．$V = V_1 + \cdots + V_m$ より，任意の $\boldsymbol{v} \in V$ はある $\boldsymbol{v}_1 \in V_1, \ldots, \boldsymbol{v}_m \in V_m$ で $\boldsymbol{v} = \boldsymbol{v}_1 + \cdots + \boldsymbol{v}_m$ と書ける．また，別の $\boldsymbol{u}_1 \in V_1, \ldots, \boldsymbol{u}_m \in V_m$ で $\boldsymbol{v} = \boldsymbol{u}_1 + \cdots + \boldsymbol{u}_m$ と書けるかもしれない．しかし，この差をとると，

$$\boldsymbol{o} = (\boldsymbol{v}_1 - \boldsymbol{u}_1) + \cdots + (\boldsymbol{v}_m - \boldsymbol{u}_m)$$

となって，$\boldsymbol{v}_1 - \boldsymbol{u}_1 \in V_1, \ldots, \boldsymbol{v}_m - \boldsymbol{u}_m \in V_m$ であることと仮定より，$\boldsymbol{v}_1 - \boldsymbol{u}_1 = \cdots = \boldsymbol{v}_m - \boldsymbol{u}_m = \boldsymbol{o}$ だから，$\boldsymbol{v}_1 = \boldsymbol{u}_1, \ldots, \boldsymbol{v}_m = \boldsymbol{u}_m$ であって $\boldsymbol{v}$ の和での書き方はただ一通り．つまり，$V = V_1 \oplus \cdots \oplus V_m$.　□

また，線形部分空間が2つのときには，以下の定理が成り立つので，直和のチェックに便利である．

定理 1.3　線形空間 V がその線形部分空間 V_1, V_2 の直和で書ける $(V = V_1 \oplus V_2)$ ための必要十分条件は，$V = V_1 + V_2$ であって，かつ，$V_1 \cap V_2 = \{\boldsymbol{o}\}$ であること．

証明　まず，$V = V_1 \oplus V_2$ を仮定する (自動的に $V = V_1 + V_2$)．任意の $\boldsymbol{v} \in V_1 \cap V_2$ について，$\boldsymbol{o} = \boldsymbol{v} + (-\boldsymbol{v})$ かつ $\boldsymbol{v} \in V_1, -\boldsymbol{v} \in V_2$ だが，これが $\boldsymbol{o}$ の一意な書き表し方 $\boldsymbol{o} = \boldsymbol{o} + \boldsymbol{o}$ であることより，$\boldsymbol{v} = -\boldsymbol{v} = \boldsymbol{o}$. 任意の $\boldsymbol{v} \in V_1 \cap V_2$ が $\boldsymbol{o}$ なのだから，$V_1 \cap V_2 = \{\boldsymbol{o}\}$.

今度は逆に，$V = V_1 + V_2$ と $V_1 \cap V_2 = \{\boldsymbol{o}\}$ を仮定する．$\boldsymbol{o} \in V$ を $\boldsymbol{v}_1 \in V_1, \boldsymbol{v}_2 \in V_2$ で $\boldsymbol{o} = \boldsymbol{v}_1 + \boldsymbol{v}_2$ と書くと，$\boldsymbol{v}_1 = -\boldsymbol{v}_2$ だから，$\boldsymbol{v}_1 \in V_2, \boldsymbol{v}_2 \in V_1$ であって，つまり，$\boldsymbol{v}_1, \boldsymbol{v}_2 \in V_1 \cap V_2$. ゆえに仮定より，$\boldsymbol{v}_1 = \boldsymbol{v}_2 = \boldsymbol{o}$. これで，$\boldsymbol{o}$ が $\boldsymbol{o} = \boldsymbol{o} + \boldsymbol{o}$ とただ一通りに書けることがわかったから，上の定理 1.2 から $V = V_1 \oplus V_2$.　□

1.3 独立性と基底

本節の目的は，ベクトルの組の独立性の概念を導入し，任意のベクトルをその線形結合で一意的に書けるようなベクトルの組，すなわち基底の存在を示すことである．この線形代数の肝とも言える事実を論理的にきちんと示すことが，この節の眼目である．

1.3.1 独立性

線形空間や線形写像 (のちの定義 2.1) といったそもそもの研究対象の定義を別にすれば，線形代数で最も重要な概念は以下の「独立性」だろう．

定義 1.5 (線形) 独立と従属 F 上の線形空間 V の元 $\boldsymbol{v}_1, \ldots, \boldsymbol{v}_n \in V$ について，関係

$$a_1\boldsymbol{v}_1 + \cdots + a_n\boldsymbol{v}_n = \boldsymbol{o} \tag{1.1}$$

を満たす $a_1, \ldots, a_n \in F$ が自明なもの，つまり $a_1 = \cdots = a_n = 0$ のみに限られるとき，これらのベクトルの組 $\{\boldsymbol{v}_1, \ldots, \boldsymbol{v}_n\}$ は (線形) 独立である，独立性を持つ，などと言う．

独立でないとき，すなわち上の関係 (1.1) を満たすような非自明な (つまり少なくとも 1 つは 0 でない) $a_1, \ldots, a_n$ が存在するとき，これらのベクトルの組は (線形) 従属である，従属性を持つ，などと言う．

この定義でのように線形代数では，各ベクトルにスカラーをかけて和をとった $a_1\boldsymbol{v}_1 + \cdots + a_n\boldsymbol{v}_n$ という形のベクトルを頻繁に考える．このベクトルを $(\boldsymbol{v}_1, \ldots, \boldsymbol{v}_n)$ と $(a_1, \ldots, a_n)$ の線形結合と呼ぶ (ここでベクトルとスカラーの組にそれぞれ丸括弧を用いたのは，順序をこめて考えているからである).

独立と従属について，いくつか例を見ておこう．

例 1.15 座標空間 座標空間 $\mathbb{R}^3$(例 1.1) において，3 つのベクトルの組，$\{(1,0,0),(0,1,0),(0,0,1)\}$ は独立である．実際，

$$a(1,0,0) + b(0,1,0) + c(0,0,1) = (a,b,c) = \boldsymbol{o} = (0,0,0)$$

を満たす a, b, c は明らかに，すべてが 0 である場合しかありえない．

また，3 つのベクトルの組 $\{(1,1,0),(1,0,1),(0,1,1)\}$ も独立 (上と同様にして確認せよ)．しかし，このうち最後のベクトルだけを変更して，$\{(1,1,0),(1,0,1),(0,1,-1)\}$ とすると，これらは従属である．実際，

$$(-1)(1,1,0)+1(1,0,1)+1(0,1,-1)=(0,0,0).$$

例 1.16　数列　数列のなす線形空間 (例 1.2) において，数列 $\{a_n\}_{n=1}^{\infty}$ は n が奇数のときに $a_n=1$ で偶数のときに $a_n=0$, $\{b_n\}_{n=1}^{\infty}$ は n が奇数のときに $b_n=0$ で偶数のときに $b_n=1$, $\{c_n\}_{n=1}^{\infty}$ は n が奇数のときに $c_n=1$ で偶数のときに $c_n=-1$ であるとき，これら 3 つの数列は従属．なぜならば，

$$\{a_n\}-\{b_n\}-\{c_n\}=\{0\}(\text{すべての項が 0 の数列}).$$

また，数列 $\{d_n^{(i)}\}_{n=1}^{\infty}$ を $d_i^{(i)}=1$ でそれ以外は $d_j^{(i)}=0\,(j\neq i)$ であるような数列と定義するとき，N 個の数列 $\{d_n^{(1)}\},\ldots,\{d_n^{(N)}\}$ は N がいくら大きくとも独立．なぜならば，これらの線形結合でその第 i 項を 0 にするには $\{d_n^{(i)}\}$ にかけるスカラーを 0 にするしかない．

例 1.17　多項式　n 次以下の多項式のなす線形空間 (例 1.3) において，$n+1$ 個の多項式 $1,x,x^2,x^3,\ldots,x^n$ は独立である．なぜなら，線形結合 $\sum_{j=0}^{n}a_jx^j$ が多項式 0 であるには，各係数 a_j をすべて 0 にするしかない．

上の独立性の定義では，$\boldsymbol{o}$ を線形結合で表現することだけが問題だったが，それは定義を最小限の要素で述べるためである．実は以下も成り立つ．

定理 1.4　独立なベクトルの線形結合による一意的表現　F 上の線形空間 V の独立なベクトルの組 $\{\boldsymbol{v}_1,\ldots,\boldsymbol{v}_n\}$ に対し，$\boldsymbol{v}\in V$ がこの組の線形結合として書けるならば，その表現は一意的である．つまり，

$$\boldsymbol{v}=a_1\boldsymbol{v}_1+\cdots+a_n\boldsymbol{v}_n$$

と書く $a_1, \ldots, a_n \in F$ は一通りしかない.

証明 もし，2 通りの表現

$$\boldsymbol{v} = a_1\boldsymbol{v}_1 + \cdots + a_n\boldsymbol{v}_n = b_1\boldsymbol{v}_1 + \cdots + b_n\boldsymbol{v}_n$$

があったとすると，この差をとることで，

$$\boldsymbol{o} = (a_1 - b_1)\boldsymbol{v}_1 + \cdots + (a_n - b_n)\boldsymbol{v}_n$$

となるが，$\{\boldsymbol{v}_1, \ldots, \boldsymbol{v}_n\}$ は独立だったから，$a_1 = b_1, \ldots, a_n = b_n$. □

1.3.2 ベクトルの生成する線形空間

以下では，ある固定したベクトルの組を利用して，線形空間とベクトルの性質を調べていく.

定義 1.6 ベクトルの生成する線形空間 F 上の線形空間 V の有限個のベクトルの組 $\{\boldsymbol{v}_1, \ldots, \boldsymbol{v}_n\}$ に対し，この線形結合で書けるようなベクトル $\boldsymbol{v} \in V$ 全体の集合を $\mathrm{span}\{\boldsymbol{v}_1, \ldots, \boldsymbol{v}_n\}$ と書く．つまり，集合の記号で書けば，

$$\mathrm{span}\{\boldsymbol{v}_1, \ldots, \boldsymbol{v}_n\} = \{\boldsymbol{v} \in V : \boldsymbol{v} = a_1\boldsymbol{v}_1 + \cdots + a_n\boldsymbol{v}_n,\ a_1, \ldots, a_n \in F\}$$

である．集合 $\mathrm{span}\{\boldsymbol{v}_1, \ldots, \boldsymbol{v}_n\}$ は F 上の線形空間だから (確認せよ)，これをこのベクトルの組で張られた，または生成された線形空間と呼ぶ.

もちろん，V のベクトルの組で張られた線形空間は V に含まれているから，V の線形部分空間である．もし以下の定義のように，この 2 つの線形空間が一致している場合は，この組を基礎に V を調べることができる.

定義 1.7 V のベクトルの組 $\{\boldsymbol{v}_1, \ldots, \boldsymbol{v}_n\}$ の生成する線形空間 $\mathrm{span}\{\boldsymbol{v}_1, \ldots, \boldsymbol{v}_n\}$ が V 自身と一致するとき，この組は V を張る，または V を生成すると言う.

この定義から，線形空間が有限次元であることを以下のように定義する.

定義 1.8　有限次元，無限次元　F 上の線形空間 V がその有限個のベクトルの組 $\{\boldsymbol{v}_1, \ldots, \boldsymbol{v}_n\}$ から生成されるとき，V は有限次元であると言う (特別な場合として，$V = \{\boldsymbol{o}\}$ も 0 個のベクトルから生成されると見て，有限次元とする)．V が有限次元でないとき，無限次元であると言う．

線形代数の主なテーマは，有限次元の線形空間をベクトルの線形結合によって調べていくことである．まず問題になるのは，$\mathrm{span}\{\boldsymbol{v}_1, \ldots, \boldsymbol{v}_n\}$ が V を生成していたとしても，「無駄な」ベクトルがこの組に含まれているかもしれないことである．つまり，最小限のベクトルで V を張る組があれば，V を研究する上で都合が良い．

このような組が存在すること，その組は独立なベクトルからなること，そのベクトルの個数が線形空間の広さを表す固有の量，つまり次元になることは，$\mathbb{R}^n$ のような例を思い浮かべれば，容易に想像できるだろう．しかし，このような線形代数の核心をなす性質が，抽象的な定義から導かれることは重要である．

1.3.3　ベクトルの組の従属性と独立性

「無駄のない」ベクトルの組を考えるための基本的な道具は，以下の 2 つの定理である．1 つめは，従属なベクトルの組からは「無駄な」ベクトルを除ける，という主張である．

定理 1.5　従属性の基本補題　F 上の線形空間 V のベクトルの組 $\{\boldsymbol{v}_1, \ldots, \boldsymbol{v}_n\}$ が線形従属ならば，この組から取り除いても，その張る線形空間がそのまま変わらないような $\boldsymbol{v}_j (1 \leq j \leq n)$ が存在する．

しかも，この $\boldsymbol{v}_j$ は $\boldsymbol{v}_1 \neq \boldsymbol{o}$ なら $\boldsymbol{v}_j \in \mathrm{span}\{\boldsymbol{v}_1, \ldots, \boldsymbol{v}_{j-1}\}$ であるように選べる．

証明　$\boldsymbol{v}_1 = \boldsymbol{o}$ ならばこれが取り除けるから，$\boldsymbol{v}_1 \neq \boldsymbol{o}$ と仮定する．線形従属性から，$\boldsymbol{o} = a_1\boldsymbol{v}_1 + \cdots + a_n\boldsymbol{v}_n$ となる非自明な $a_1, \ldots, a_n \in F$ がある．

この 0 でないもののうち添え字が一番大きなものを $a_j \neq 0 \, (1 < j \leq n)$ とすると，少なくとも $\boldsymbol{v}_1 \neq \boldsymbol{o}$ だから，

$$\boldsymbol{v}_j = -\frac{a_1}{a_j}\boldsymbol{v}_1 - \cdots - \frac{a_{j-1}}{a_j}\boldsymbol{v}_{j-1}. \tag{1.2}$$

よって，$\boldsymbol{v}_j \in \mathrm{span}\{\boldsymbol{v}_1, \ldots, \boldsymbol{v}_{j-1}\}$.

また，任意の $\boldsymbol{u} \in \mathrm{span}\{\boldsymbol{v}_1, \ldots, \boldsymbol{v}_n\}$ は，適当なスカラーと $\{\boldsymbol{v}_1, \ldots, \boldsymbol{v}_n\}$ の線形結合で書けるが，この $\boldsymbol{v}_j$ を上式 (1.2) の右辺で書き換えれば，$\{\boldsymbol{v}_1, \ldots, \boldsymbol{v}_n\}$ から $\boldsymbol{v}_j$ を除いた組の線形結合になっている．ゆえに組から $\boldsymbol{v}_j$ が除ける． □

以下は上の定理からすぐわかる事実だが，こちらは上とは対照的に，独立なベクトルの組に「無駄なく」ベクトルを追加できる，という主張である．

定理 1.6　独立性の基本補題　線形空間 V のベクトルの組 $\{\boldsymbol{v}_1, \ldots, \boldsymbol{v}_n\}$ が独立で，$\boldsymbol{v} \notin \mathrm{span}\{\boldsymbol{v}_1, \ldots, \boldsymbol{v}_n\}$ ならば，この $\boldsymbol{v} \in V$ を追加した組 $\{\boldsymbol{v}_1, \ldots, \boldsymbol{v}_n, \boldsymbol{v}\}$ も独立．

証明　背理法で示す．もし $\{\boldsymbol{v}_1, \ldots, \boldsymbol{v}_n, \boldsymbol{v}\}$ が従属なら，上の従属性の基本補題 (定理 1.5) と $\{\boldsymbol{v}_1, \ldots, \boldsymbol{v}_n\}$ の独立性から，$\boldsymbol{v} \in \mathrm{span}\{\boldsymbol{v}_1, \ldots, \boldsymbol{v}_n\}$．よって矛盾． □

これらから以下の線形空間の基本的な性質が直ちに導かれる．

定理 1.7　ベクトルの張る線形空間と独立性　有限次元線形空間 V において，独立なベクトルの組の元の個数は V を張るベクトルの組のそれ以下である．

証明　独立なベクトルの組 $\{\boldsymbol{v}_1, \ldots, \boldsymbol{v}_m\}$ と V を張る (独立とは限らない) ベクトルの組 $\{\boldsymbol{u}_1, \ldots, \boldsymbol{u}_n\}$ に対して，後者に前者のベクトルを 1 つ追加した組 $\{\boldsymbol{v}_1, \boldsymbol{u}_1, \ldots, \boldsymbol{u}_n\}$ を考えよ．この組は既に V を張っていた組に新たにベクトルを追加したから，従属である．よって，上の従属性の基本補題 (定理 1.5) を用いて，V を張ったまま $\boldsymbol{u}_1, \ldots, \boldsymbol{u}_n$ のうち 1 つをこの組から削除できる．$\{\boldsymbol{v}_1, \ldots, \boldsymbol{v}_m\}$ の独立性より，この操作は m 回繰り返せるから $m \leq n$． □

以下の一見自明な定理も，上の独立性の基本補題 (定理 1.6) から導かれる．

定理 1.8　有限次元線形空間の線形部分空間も有限次元.

証明　V を有限次元線形空間, U をその線形部分空間とする. まず, $U = \{\boldsymbol{o}\}$ なら既に U は有限次元で示すべきことはないので, $U \neq \{\boldsymbol{o}\}$ と仮定して, $\boldsymbol{u}_1 \neq \boldsymbol{o}$ であるベクトル $\boldsymbol{u}_1 \in U$ を選ぶ. もし $U = \mathrm{span}\{\boldsymbol{u}_1\}$ ならば U は有限次元. そうでなければ, $\boldsymbol{u}_2 \notin \mathrm{span}\{\boldsymbol{u}_1\}$ であるような $\boldsymbol{u}_2 \in U$ を選ぶ.

これを順に繰り返していく. つまり, j について, $\boldsymbol{u}_j \notin \mathrm{span}\{\boldsymbol{u}_1, \ldots, \boldsymbol{u}_{j-1}\}$ であるような $\boldsymbol{u}_j \in U$ がある限り, それを選んで追加していく手続きを繰り返せば, 独立性の基本補題 (定理 1.6) より, 各手続きのあとで得られるベクトルの組はそれぞれ独立.

また, 上の定理 1.7 より, 独立なベクトルの個数は V を張るベクトルの個数以下だったから, この手続きは有限回で終了する. よって U は有限個のベクトルで張られるから有限次元. □

1.3.4 基底

以上の準備によって, (有限次元) 線形空間 V を最小限のベクトルの組で表現しつくすような性質の良いベクトルの組, すなわち「基底」が定義できる.

定義 1.9　基底　線形空間 V を張る独立なベクトルの組のことを, V の基底と言う. また, この組に属するベクトルを基底ベクトルと言う.

独立なベクトルの線形結合による表現は一意的だったから (定理 1.4), V のベクトルは基底ベクトルの線形結合で一意的に表せる. また逆に, V の任意のベクトルがあるベクトルの組 $\{\boldsymbol{u}_1, \ldots, \boldsymbol{u}_n\}$ の線形結合で一意的に表せるなら, その組は V を張っており, しかも, 特に $\boldsymbol{o} = 0\boldsymbol{u}_1 + \cdots + 0\boldsymbol{u}_n$ の表現の一意性から独立だから, 基底である. 定理の形にまとめておくと,

定理 1.9　基底による表現　F 上の有限次元線形空間 V において, $\{\boldsymbol{v}_1, \cdots, \boldsymbol{v}_n\}$ が基底であることと, 任意の $\boldsymbol{v} \in V$ が $\{\boldsymbol{v}_1, \cdots, \boldsymbol{v}_n\}$ の線形結合で一意的に表現できること, つまり, $\boldsymbol{v} = a_1\boldsymbol{v}_1 + \cdots + a_n\boldsymbol{v}_n$ と

なる $a_1, \ldots, a_n \in F$ が一意的に存在することとは，同値である．

注意 1.1 基底におけるベクトルの順序 以下では基底を丸括弧で $(\boldsymbol{v}_1, \cdots, \boldsymbol{v}_n)$ のように書くことにする．これは線形結合の係数にも興味があるので，ベクトルの順序を区別したいからである．つまり，基底 $(\boldsymbol{v}_1, \boldsymbol{v}_2)$ と基底 $(\boldsymbol{v}_2, \boldsymbol{v}_1)$ とは異なる基底だと考える．

このようにベクトルを基底の線形結合で表現したとき，その係数を縦に並べたものをベクトルの成分表示と言う．つまり，基底 $(\boldsymbol{v}_1, \cdots, \boldsymbol{v}_n)$ に対し，

$$\boldsymbol{v} = a_1\boldsymbol{v}_1 + \cdots + a_n\boldsymbol{v}_n \quad \text{であるとき，} \quad \mathcal{M}(\boldsymbol{v}) = \begin{bmatrix} a_1 \\ \vdots \\ a_n \end{bmatrix} \tag{1.3}$$

のように書く．ここで $\mathcal{M}(\boldsymbol{v})$ は $\boldsymbol{v}$ の成分表示の意味である．その第 i 番目の成分は $\mathcal{M}(\boldsymbol{v})_i = a_i$ のように書く．また，特に基底に依存していることを強調したいときには，$\mathcal{M}(\boldsymbol{v}; (\boldsymbol{v}_1, \cdots, \boldsymbol{v}_n))$ のようにも書く．

注意 1.2 ベクトルとその成分表示 このように本書では，ベクトル $\boldsymbol{v}$ とその成分表示 $\mathcal{M}(\boldsymbol{v})$ を区別するが，これを同一視する文献が多い．実際，逐一区別するのは煩雑であり，同一視するメリットは大きいが，本書の目的は線形代数の基本概念を理解することなので，あえて区別する．

以下の定理はほとんど明らかだが，基底を実際に作る方法を述べている意味で応用上も重要である．

定理 1.10 線形空間を張るベクトルと基底 ベクトルの組 $\{\boldsymbol{u}_1, \cdots, \boldsymbol{u}_n\}$ が線形空間 V を張るならば，この組から 0 個以上のベクトルを取り除くことで V の基底にできる．

証明　$\{\boldsymbol{u}_1, \cdots, \boldsymbol{u}_n\}$ に対し，もし $\boldsymbol{u}_1 = \boldsymbol{o}$ ならばこの組から取り除き，そうでなければ残す．以下，$\boldsymbol{u}_j \in \mathrm{span}\{\boldsymbol{u}_1, \ldots, \boldsymbol{u}_{j-1}\}$ ならば $\boldsymbol{u}_j$ を取り除き，そうでなければ残すことを，$j = 2, \ldots, n$ で繰り返す．

この結果，得られたベクトルのリストは，どのベクトルもそれより前のベクトルたちの張る空間には属していないので，独立性の基本補題 (定理 1.6) より線形独立であり，また V を張っているから基底．□

有限次元線形空間はその定義より有限個のベクトルで張られるから，上の定理より以下は明らかだが，これも重要な事実である．

定理 1.11　有限次元線形空間は基底を持つ (特別な場合として，線形空間 $\{\boldsymbol{o}\}$ は空集合を基底に持つとみなす)．

定理 1.10 とは逆に，独立なベクトルの組にベクトルを追加して基底にできる．このこともしばしば有用である．

定理 1.12　有限次元線形空間 V の独立なベクトルの組は，適当なベクトルを 0 個以上追加することで V の基底にできる．

証明　$(\boldsymbol{u}_1, \ldots, \boldsymbol{u}_m)$ を独立なベクトルの組として，これに以下の方法でベクトルを追加して，基底にする．まず，V は有限次元だから有限個のベクトルの組 $(\boldsymbol{v}_1, \ldots, \boldsymbol{v}_n)$ で張れることに注意する．

もし $\boldsymbol{v}_1 \notin \mathrm{span}(\boldsymbol{u}_1, \ldots, \boldsymbol{u}_m)$ ならば，$\boldsymbol{v}_1$ を $(\boldsymbol{u}_1, \ldots, \boldsymbol{u}_m)$ に追加して $(\boldsymbol{u}_1, \ldots, \boldsymbol{u}_m, \boldsymbol{v}_1)$ とする．$\boldsymbol{v}_1 \in \mathrm{span}(\boldsymbol{u}_1, \ldots, \boldsymbol{u}_m)$ ならば追加しない．

以下同様に，$\boldsymbol{v}_j$ が既に前の組で張られる線形空間に属していなければ追加することを $j = 2, \ldots, n$ まで繰り返すと，独立性の基本補題 (定理 1.6) により，この手続きで組は独立のまま保たれる．また，最後に得られた組が生成する線形空間はすべての $\boldsymbol{v}_j$ を含んでいるから V を張り，よって基底である．□

以下にいくつか基底の基本的な例を見ておこう．

例 1.18 F^n の標準基底 座標空間 F^n に対し (例 1.1)，j 番目の座標のみが 1 で他の座標は 0 の n 個のベクトル，$\boldsymbol{e}_1 = (1, 0, \ldots, 0), \boldsymbol{e}_2 = (0, 1, 0, \ldots, 0), \ldots, \boldsymbol{e}_n = (0, \ldots, 0, 1)$ は F^n の基底をなす．この基底を F^n の標準基底と言う．

例 1.19 座標空間 $\mathbb{R}^3$ の線形部分空間である平面 $V = \{(x, y, z) : x + y + z = 0\}$ に対し (例 1.7)，$\boldsymbol{v}_1 = (1, -1, 0), \boldsymbol{v}_2 = (0, 1, -1)$ は V の基底をなす．実際，この 2 つのベクトルの組は独立であり，また，任意の $(a_1, a_2, a_3) \in V$ は $a_2 = -a_1 - a_3$ に注意すれば，

$$(a_1, a_2, a_3) = (a_1, -a_1 - a_3, a_3) = a_1(1, -1, 0) - a_3(0, 1, -1)$$

だから，$\boldsymbol{v}_1, \boldsymbol{v}_2$ の線形結合で書ける．

例 1.20 n 次以下の実多項式全体のなす線形空間 P_n に対し (例 1.3)，$(n+1)$ 個の多項式の組 $(1, x, x^2, \ldots, x^n)$ は，P_n の基底である．実際，これらは独立で，任意の n 次以下の多項式 $\sum_{j=0}^{n} a_j x^j$ が，この組と実数の組 $(a_0, a_1, \ldots, a_n)$ の線形結合で書ける．

例 1.21 記号から生成される線形空間の基底 例 1.6 の「記号から生成される線形空間」は，スカラーと $E = (e_1, \ldots, e_m)$ の線形結合の張る線形空間であるから，E が自明にその基底．

基底は有限次元線形空間の核心をなす概念であり，基底を用いて色々なことが容易に示せる．例えば，以下の重要な結果も基底が本質である．

定理 1.13 U が有限次元線形空間 V の線形部分空間ならば，$V = U \oplus W$ となる V の線形部分空間 W が存在する．

証明　有限次元線形空間 V の線形部分空間 U も有限次元 (定理 1.8) だから，その基底が存在する (定理 1.11)．U の基底を $(\boldsymbol{e}_1, \cdots, \boldsymbol{e}_m)$ とすると，これは独立なベクトルの組だから，適当にベクトルを追加して $(\boldsymbol{e}_1, \ldots, \boldsymbol{e}_m, \boldsymbol{f}_1, \ldots, \boldsymbol{f}_n)$ が V の基底になるようにできる (定理 1.12).

この追加分のベクトルたちの張る線形空間を $W = \mathrm{span}\{\boldsymbol{f}_1, \ldots, \boldsymbol{f}_n\}$ とすると，$V = U \oplus W$ であることを以下で示す．そのためには，$V = U + W$ と $U \cap W = \{\boldsymbol{o}\}$ を示せばよい (定理 1.3).

しかし前者については，$(\boldsymbol{e}_1, \ldots, \boldsymbol{e}_m, \boldsymbol{f}_1, \ldots, \boldsymbol{f}_n)$ は V の基底なのだったから，任意の $\boldsymbol{v} \in V$ は，$(\boldsymbol{e}_1, \cdots, \boldsymbol{e}_m)$ の線形結合と $(\boldsymbol{f}_1, \ldots, \boldsymbol{f}_n)$ の線形結合の和で表せ，つまり $V = U + W$ である.

また後者については，もし $\boldsymbol{v} \in U \cap W$ ならば,

$$\boldsymbol{v} = a_1\boldsymbol{e}_1 + \cdots + a_m\boldsymbol{e}_m = b_1\boldsymbol{f}_1 + \cdots + b_n\boldsymbol{f}_n$$

と書けるが，これより,

$$a_1\boldsymbol{e}_1 + \cdots + a_m\boldsymbol{e}_m - b_1\boldsymbol{f}_1 - \cdots - b_n\boldsymbol{f}_n = \boldsymbol{o}$$

だから，$(\boldsymbol{e}_1, \ldots, \boldsymbol{e}_m, \boldsymbol{f}_1, \ldots, \boldsymbol{f}_n)$ が V の基底であることより，$a_1 = \cdots = a_m = b_1 = \cdots = b_n = 0$. ゆえに $\boldsymbol{v} = \boldsymbol{o}$ であり，$U \cap W = \{\boldsymbol{o}\}$.　□

1.4　次元

1.4.1　次元の定義と例

有限次元の線形空間は基底を持つのだったが (定理 1.11)，その基底には色々な選び方がある．しかし，以下のように基底ベクトルの数は一定である.

定理 1.14　基底ベクトルの数　有限次元線形空間 V に対し，その基底のとり方によらず基底ベクトルの個数は常に等しい.

証明　V に 2 組の基底 B_1, B_2 があれば，基底 B_1 のベクトルたちは独立で，基底 B_2 のベクトルたちは V を張るから，B_1 のベクトルの個数は B_2 のそれ以下 (定理 1.7)．B_1, B_2 を逆にして同じ議論をすれば，B_2 のベクトルの個数は B_1 のそれ以下．よって，B_1 と B_2 のベクトルの個数は等しい.　□

これより，有限次元の線形空間に対して，その基底をなすベクトルの個数はその線形空間固有の量である．これが次元の定義である．

定義 1.10 次元 有限次元線形空間 V の基底ベクトルの個数を V の次元と言い，$\dim V$ や $\dim(V)$ と書く (特に $\dim\{\boldsymbol{o}\}$ は 0 と約束する).

いくつか次元の例を見ておこう．

例 1.22 座標空間 F^n は例 1.18 で見た標準基底 $(\boldsymbol{e}_1, \boldsymbol{e}_2, \ldots, \boldsymbol{e}_n)$ を持つから，$\dim F^n = n$.

例 1.23 座標空間 $\mathbb{R}^3$ の線形部分空間である平面 $V = \{(x, y, z) : x+y+z = 0\}$ は，例 1.19 で見た $(\boldsymbol{v}_1, \boldsymbol{v}_2)$ を基底に持つから，$\dim V = 2$.

例 1.24 n 次以下の実多項式全体のなす線形空間 P_n に対し，$(n+1)$ 個の多項式の組 $(1, x, x^2, \ldots, x^n)$ は，P_n の基底であるから，$\dim P_n = n+1$.

例 1.25 例 1.9 で見た，線形空間 V 内の抽象的な「直線」$U = \{k\boldsymbol{v} : k \in F\}$ の 次元は $\dim U = 1$. 実際，$\boldsymbol{v}$ が基底.

1.4.2 次元の性質

本項では簡単な次元の性質を挙げる．次の 2 つの定理は簡単ではあるが，次元と基底を直接的に結びつける大事な主張である．つまり，基底はベクトル空間を張り，また独立でもあるが，次元を指定することでこの逆が成り立つ．

定理 1.15 V が有限次元線形空間ならば，V を張る $\dim V$ 個のベクトルの組は V の基底である．

証明　$n = \dim V$ とし，$(\boldsymbol{v}_1, \ldots, \boldsymbol{v}_n)$ は V を張るとすると，ここから 0 個以上のベクトルを除いて V の基底にできる (定理 1.10)．しかし，次元の定義 1.10 より，基底ベクトルの個数は n 個なのだから，$(\boldsymbol{v}_1, \ldots, \boldsymbol{v}_n)$ から除くべきベクトルはない．つまり，既に基底．□

定理 1.16　V が有限次元線形空間ならば，$\dim V$ 個の独立なベクトルの組は V の基底である．

証明　$n = \dim V$ とし，$(\boldsymbol{v}_1, \ldots, \boldsymbol{v}_n)$ は独立なベクトルの組とすると，ここに 0 個以上のベクトルを追加して V の基底にできる (定理 1.12)．しかし，次元の定義 1.10 より，基底ベクトルの個数は n 個なのだから，$(\boldsymbol{v}_1, \ldots, \boldsymbol{v}_n)$ に追加すべきベクトルはない．つまり，既に基底．□

以下の一見自明な定理も，基底の言葉を用いずに証明することは難しい．

定理 1.17　線形部分空間の次元　有限次元線形空間 V とその線形部分空間 U に対し，$\dim U \leq \dim V$．

証明　V が有限次元だから U も有限次元 (定理 1.8)．よって U は基底を持つが (定理 1.11)，基底ベクトルたちは独立だから，適当にベクトルを追加して V の基底に拡張できる (定理 1.12)．ゆえに，U の基底ベクトルの個数は V のそれ以下．□

以下の定理も，やはり簡単に証明できる (演習問題 1.1 と例 1.10 も参照)．

定理 1.18　2 つの線形部分空間と次元　有限次元線形空間 V の 2 つの線形部分空間 U, W に対し，

$$\dim(U + W) = \dim U + \dim W - \dim(U \cap W).$$

証明　$U \cap W (\subset V)$ も有限次元だから (定理 1.8)，基底 $(\boldsymbol{e}_1, \ldots, \boldsymbol{e}_l)$ が

存在する．また，$U \cap W \subset U$ だから，これに適当にベクトルを追加して $(\boldsymbol{e}_1, \ldots, \boldsymbol{e}_l, \boldsymbol{f}_1, \ldots, \boldsymbol{f}_m)$ を U の基底にできる (定理 1.12)．つまり，$\dim U = l + m$.

同じく $U \cap W \subset W$ より，適当にベクトルを追加して $(\boldsymbol{e}_1, \ldots, \boldsymbol{e}_l, \boldsymbol{f}'_1, \ldots, \boldsymbol{f}'_n)$ を W の基底にできる．つまり，$\dim W = l + n$.

もし，$B = (\boldsymbol{e}_1, \ldots, \boldsymbol{e}_l, \boldsymbol{f}_1, \ldots, \boldsymbol{f}_m, \boldsymbol{f}'_1, \ldots, \boldsymbol{f}'_n)$ が $U + W$ の基底であることが示せれば，

$$
\begin{aligned}
\dim(U + W) &= l + m + n = (l + m) + (l + n) - l \\
&= \dim U + \dim W - \dim(U \cap W)
\end{aligned}
$$

となって，定理の主張が証明できる．

B が $U + W$ の基底であることを言うには，B が $U + W$ を張ることは明らかだから，B が独立であることさえ示せればよい．これは B の各ベクトルの選び方から容易に言える (以下の演習問題)． □

演習問題 1.2

定理 1.18 の証明の残りを完成させよ (ヒント：$\sum a_i \boldsymbol{e}_i + \sum b_j \boldsymbol{f}_j + \sum c_k \boldsymbol{f}'_k = \boldsymbol{o}$ を仮定して，各係数がすべて 0 であることを示せばよい．まず，$\sum c_k \boldsymbol{f}'_k = \sum(-a_i)\boldsymbol{e}_i + \sum(-b_j)\boldsymbol{f}_j$ から何が言えるか？)．

$V = V_1 \oplus V_2$ ならば $V_1 \cap V_2 = \{\boldsymbol{o}\}$ だったから (定理 1.3)，上の定理からこのとき $\dim V = \dim V_1 + \dim V_2$ となる．この関係は直ちに以下のように一般化できる．

定理 1.19　線形空間の和 (直和) と次元　有限次元線形空間 V とその線形部分空間 $V_1, \ldots, V_n$ について，$V = V_1 + \cdots + V_n$ ならば $\dim V \leq \dim V_1 + \cdots + \dim V_n$．特に，$V = V_1 \oplus \cdots \oplus V_n$ と直和に書けるなら，$\dim V = \dim V_1 + \cdots + \dim V_n$.

証明　$V = V_1 + \cdots + V_n$ ならば，各 V_j の基底の和集合は V を張ることより，0 個以上のベクトルを取り除いて基底にできる (定理 1.10)．よって，

$\dim V \leq \dim V_1 + \cdots + \dim V_n$.

V_j らの直和が V であれば，V の任意のベクトルは各 V_j のベクトルの和で一意に書けるから，各 V_j の基底の和集合は V を張ると同時に独立でもある (なぜなら $\boldsymbol{o}$ が V_j の各元 $\boldsymbol{o}$ の和で一意的に書ける)．よって，V の基底であり，$\dim V = \dim V_1 + \cdots + \dim V_n$. □

基底と次元の定義からも容易に想像されるように，上の定理の逆が成立して，以下のように直和と次元は自然に対応する．

定理 1.20　直和と次元　有限次元線形空間 V の線形部分空間 $V_1, \ldots, V_n$ に対し，$V = V_1 + \cdots + V_n$ かつ $\dim V = \dim V_1 + \cdots + \dim V_n$ ならば，$V = V_1 \oplus \cdots \oplus V_n$.

証明　各 V_j の基底の和集合は，$V = V_1 + \cdots + V_n$ より V を張り，$\dim V = \dim V_1 + \cdots + \dim V_n$ より $\dim V$ 個のベクトルからなる．ゆえに，V の基底であって (定理 1.15)，よって独立である．

もし，$\boldsymbol{v}_1 \in V_1, \ldots, \boldsymbol{v}_n \in V_n$ について $\boldsymbol{v}_1 + \cdots + \boldsymbol{v}_n = \boldsymbol{o}$ ならば，各 $\boldsymbol{v}_j$ を V_j の基底の線形結合で書くことで，$\boldsymbol{o}$ が V の基底の線形結合で書けることになるから，その係数はすべて 0．よって各 $\boldsymbol{v}_j = \boldsymbol{o}$ であり，ゆえに，$V = V_1 \oplus \cdots \oplus V_n$ が成り立つ (定理 1.2). □

第 2 章

線形性 2 — 線形写像と行列

前章で用意した線形空間に対し，本章では線形空間から線形空間への線形な写像を扱う．写像の線形性はベクトルの独立性とともに線形代数の根幹をなす概念である．線形な写像を基底で調べることは行列の研究に帰着する．ある基底のもとでの線形写像の表現が行列である．

2.1 線形写像の一般論

2.1.1 線形写像

線形空間の間の写像のうち特に以下の線形写像の性質を調べることが，線形代数の主題である (写像の基本事項については第 0.2.2 項参照)．

定義 2.1 線形性，線形写像 F 上の線形空間 V から同じく F 上の線形空間 W への写像 L で，以下の 2 つの性質を満たすものを，線形である，線形性を持つ，線形写像である，などと言う．

- 任意の $\boldsymbol{v} \in V$ と $k \in F$ について $L(k\boldsymbol{v}) = kL(\boldsymbol{v})$.
- 任意の $\boldsymbol{u}, \boldsymbol{v} \in V$ について $L(\boldsymbol{u} + \boldsymbol{v}) = L(\boldsymbol{u}) + L(\boldsymbol{v})$.

以下にいくつか線形な写像の例を挙げる．

例 2.1 1 次関数 y-切片が 0 であるような 1 次関数 $y = cx$，つまり $\mathbb{R}$ を座標空間と見て，その元 x を定数 c 倍する $\mathbb{R}$ から $\mathbb{R}$ への写像は，線形写像である．実際，$k(cu) = c(ku)$ であるし，$c(u + v) = cu + cv$.

例 2.2　座標空間 $\mathbb{R}^2$ から同じく $\mathbb{R}^2$ への写像 f を，$(x, y) \in \mathbb{R}^2$ に対し，定数 $a, b, c, d \in \mathbb{R}$ によって $f((x, y)) = (ax + by, cx + dy)$ で定義すると線形写像．

例 2.3　微分と積分　$\mathbb{R}$ から $\mathbb{R}$ への無限回微分可能な関数全体の集合は，微分可能な関数の定数倍も微分可能，微分可能な関数の和も微分可能だから，線形空間をなす．このとき関数 $f = f(x)$ を「微分する」という操作 $D(f) = f' = \frac{d}{dx}f$ は，この空間からそれ自身への線形写像である．実際，任意の $k \in \mathbb{R}$ と微分可能関数 f, g に対し，

$$D(kf) = kD(f), \quad D(f + g) = D(f) + D(g).$$

また，ある閉区間 $[a, b]$ 上で定義された実数値の連続関数全体の集合は線形空間であり，また，閉区間上の連続関数はリーマン積分可能である．可積分な関数の定数倍も可積分，可積分関数の和も可積分であり，関数を「積分する」という操作はこの線形空間から $\mathbb{R}$ への線形写像である．実際，任意の $k \in \mathbb{R}$ とこのような関数 f, g の $[a, b]$ 上の定積分について，

$$\int kf(x)dx = k\int f(x)dx, \int\{f(x)+g(x)\}dx = \int f(x)dx+\int g(x)dx.$$

例 2.4　x の多項式の x^n 倍　x を変数，実数を係数とする多項式全体は線形空間をなす．各多項式 $p(x) = a_m x^m + \cdots + a_1 x + a_0$ に，ある自然数 n について x^n をかける操作は線形写像である．実際，任意の $k \in \mathbb{R}$ と多項式 $p(x), q(x)$ について，

$$x^n\{kp(x)\} = k\{x^n p(x)\}, \quad x^n\{p(x) + q(x)\} = x^n p(x) + x^n q(x).$$

例 2.5　数列のシフト　F 値の数列 $\{a_n\}_{n \in \mathbb{N}}$ 全体は線形空間をなすのだった (例 1.2)．このとき，各項 a_j を a_{j+1} に 1 つずつずらす操作，

$$S : a_1, a_2, a_3, \ldots \mapsto a_2, a_3, a_4, \ldots$$

は線形写像である．実際，数列 $\{a_n\}_{n\in\mathbb{N}}$ を $(a_1, a_2, a_3, \ldots)$ と書くと，任意の $k \in F$ について，

$$\begin{aligned} S(k(a_1, a_2, a_3, \ldots)) &= S((ka_1, ka_2, ka_3, \ldots)) = (ka_2, ka_3, ka_4, \ldots) \\ &= k(a_2, a_3, a_4, \ldots) = kS((a_1, a_2, a_3, \ldots)). \end{aligned}$$

和についても同様．

以下はほとんど自明だが，抽象的な線形空間に対して一般に存在する重要な写像なので，例に挙げておく．

例 2.6　零写像と恒等写像　F 上の線形空間 V から W への写像で，任意の $\boldsymbol{v} \in V$ を零ベクトル $\boldsymbol{o} \in W$ に写すものを零写像と言う．O が零写像のとき，任意の $\boldsymbol{u}, \boldsymbol{v} \in V$ と $k \in F$ について，

$$O(k\boldsymbol{v}) = \boldsymbol{o} = k\boldsymbol{o} = kO(\boldsymbol{v}),\ O(\boldsymbol{u}+\boldsymbol{v}) = \boldsymbol{o} = \boldsymbol{o}+\boldsymbol{o} = O(\boldsymbol{u}) + O(\boldsymbol{v})$$

だから，零写像は線形である．

F 上の線形空間 V から V 自身への写像で，任意の $\boldsymbol{v} \in V$ をそれ自身 $\boldsymbol{v} \in V$ に写す写像を恒等写像と言う．I が恒等写像のとき，任意の $k \in F$ と任意の $\boldsymbol{u}, \boldsymbol{v} \in V$ について，

$$I(k\boldsymbol{v}) = k\boldsymbol{v} = kI(\boldsymbol{v}), \quad I(\boldsymbol{u}+\boldsymbol{v}) = \boldsymbol{u}+\boldsymbol{v} = I(\boldsymbol{u}) + I(\boldsymbol{v})$$

だから，恒等写像も線形である．

2.1.2 像と核による線形写像の一般論

線形写像から一般的に導かれる重要な線形部分空間に，像と核がある．像と核は線形写像のふるまいの大枠を決める．像については既に一般の写像に対して定義したが (定義 0.6)，再び線形写像について定義し直しておく．

定義 2.2　像，核　L を線形空間 V から W への線形写像とするとき，写像 L による定義域 V の像を L の像と言い，$\mathrm{Im}(L)$ と書く．つまり，

$$\mathrm{Im}(L) = \{L(\boldsymbol{v}) \in W : \boldsymbol{v} \in V\}.$$

また，W の零ベクトルのみの集合 $\{\boldsymbol{o}\}$ の逆像のことを L の核と言い，

Ker(L) と書く．つまり，

$$\mathrm{Ker}(L) = \{\boldsymbol{v} \in V \,:\, L(\boldsymbol{v}) = \boldsymbol{o}\}.$$

実は，この2つは以下のように線形空間になっている．

定理 2.1　線形空間 V から W への線形写像 L の像 Im(L) は W の線形部分空間，核 Ker(L) は V の線形部分空間である．

証明　まず像が線形空間であることを示す．$\boldsymbol{o} \in V$ に対し，

$$L(\boldsymbol{o}) = L(\boldsymbol{o} + \boldsymbol{o}) = L(\boldsymbol{o}) + L(\boldsymbol{o})$$

だから，$L(\boldsymbol{o}) = \boldsymbol{o}$．よって，$\boldsymbol{o} \in \mathrm{Im}(L)$．また，$\boldsymbol{w}, \boldsymbol{w}' \in \mathrm{Im}(L)$ について，$L(\boldsymbol{v}) = \boldsymbol{w}, L(\boldsymbol{v}') = \boldsymbol{w}'$ となるような $\boldsymbol{v}, \boldsymbol{v}' \in V$ が存在するから，

$$\boldsymbol{w} + \boldsymbol{w}' = L(\boldsymbol{v}) + L(\boldsymbol{v}') = L(\boldsymbol{v} + \boldsymbol{v}').$$

よって，$\boldsymbol{w} + \boldsymbol{w}' \in \mathrm{Im}(L)$．任意の $k \in F$ と $\boldsymbol{w} \in \mathrm{Im}(L)$ についても同様に，

$$k\boldsymbol{w} = kL(\boldsymbol{v}) = L(k\boldsymbol{v})$$

だから，$k\boldsymbol{w} \in \mathrm{Im}(L)$．ゆえに，Im$(L)$ は線形空間で，W の線形部分空間．

次に核が線形空間であることを示す．$L(\boldsymbol{o}) = \boldsymbol{o}$ だから，$\boldsymbol{o} \in \mathrm{Ker}(L)$．また，$\boldsymbol{u}, \boldsymbol{u}' \in \mathrm{Ker}(L)$ ならば，$L(\boldsymbol{u}) = L(\boldsymbol{u}') = \boldsymbol{o}$ だから，

$$L(\boldsymbol{u} + \boldsymbol{u}') = L(\boldsymbol{u}) + L(\boldsymbol{u}') = \boldsymbol{o} + \boldsymbol{o} = \boldsymbol{o}.$$

よって，$\boldsymbol{u} + \boldsymbol{u}' \in \mathrm{Ker}(L)$．また，任意の $k \in F$ と $\boldsymbol{u} \in \mathrm{Ker}(L)$ について，

$$L(k\boldsymbol{u}) = kL(\boldsymbol{u}) = k\boldsymbol{o} = \boldsymbol{o}$$

だから，$k\boldsymbol{u} \in \mathrm{Ker}(L)$．ゆえに，Ker$(L)$ は線形空間で，V の線形部分空間．□

線形写像 $L : V \to W$ の像 Im(L) について，Im$(L) = W$ ならば定義より L は全射である (全射，単射については定義 0.7 参照)．よって，像によって全射とのずれがわかる．また，このことほど明らかでないが，核が単射とのずれを表していることもわかる．実際，次の定理が成り立つ．

定理 2.2 線形写像 L が単射であることと，$\mathrm{Ker}(L) = \{\boldsymbol{o}\}$ であることは同値．

証明 L が単射であると仮定する．任意の $\boldsymbol{v} \in \mathrm{Ker}(L)$ について，$L(\boldsymbol{v}) = \boldsymbol{o}$ だが，前定理 2.1 の証明で示したように $L(\boldsymbol{o}) = \boldsymbol{o}$ だから $L(\boldsymbol{v}) = L(\boldsymbol{o}) = \boldsymbol{o}$. L は単射だから，$\boldsymbol{v} = \boldsymbol{o}$. ゆえに $\mathrm{Ker}(L) = \{\boldsymbol{o}\}$.

今度は逆に，$\mathrm{Ker}(L) = \{\boldsymbol{o}\}$ を仮定する．L の定義域の元 $\boldsymbol{u}, \boldsymbol{v}$ について $L\boldsymbol{u} = L\boldsymbol{v}$ ならば $\boldsymbol{o} = L\boldsymbol{u} - L\boldsymbol{v} = L(\boldsymbol{u} - \boldsymbol{v})$ だから，$\boldsymbol{u} - \boldsymbol{v} \in \mathrm{Ker}(L) = \{\boldsymbol{o}\}$. よって $\boldsymbol{u} - \boldsymbol{v} = \boldsymbol{o}$ で，つまり $\boldsymbol{u} = \boldsymbol{v}$. ゆえに，$L$ は単射． □

像と全射，核と単射の以上の関係から，線形空間である像と核の次元に，以下のように特別な名前をつける．

定義 2.3 階数, 退化次数 線形写像 L の像が有限次元であるとき，その次元を L の階数と呼び，$\mathrm{rank}(L)$ と書く．すなわち，$\mathrm{rank}(L) = \dim \mathrm{Im}(L)$.

また，L の核が有限次元であるとき，その次元を L の退化次数と呼び，$\mathrm{nullity}(L)$ と書く．すなわち，$\mathrm{nullity}(L) = \dim \mathrm{Ker}(L)$.

像と核の次元の関係を述べた以下の定理は，有限次元線形空間上の線形写像の性質の基本となる結果である．

定理 2.3 階数定理 L が F 上の有限次元線形空間 V から線形空間 W への線形写像ならば，$\mathrm{Im}(L)$ は W の有限次元の線形部分空間であり，以下が成り立つ．

$$\dim V = \dim \mathrm{Im}(L) + \dim \mathrm{Ker}(L).$$

(階数と退化次数の言葉で書けば，$\dim V = \mathrm{rank}(L) + \mathrm{nullity}(L)$)

証明 V は有限次元だから，その線形部分空間である $\mathrm{Ker}(L)$ も有限次元であり (定理 1.8)，よって $\mathrm{Ker}(L)$ の基底 $(\boldsymbol{e}_1, \ldots, \boldsymbol{e}_m)$ が存在する (または

$\mathrm{Ker}(L) = \{\boldsymbol{o}\}$ で基底は空集合)(定理 1.11). $(\boldsymbol{e}_1, \ldots, \boldsymbol{e}_m)$ は独立 (または空集合) だから，適当にベクトルを追加して V の基底 $(\boldsymbol{e}_1, \ldots, \boldsymbol{e}_m, \boldsymbol{f}_1, \ldots, \boldsymbol{f}_n)$ にできる (定理 1.12). 以下で，$\dim \mathrm{Im}(L) = n$ を示そう．これが言えれば，$\dim V = m + n = \dim \mathrm{Ker}(L) + \dim \mathrm{Im}(L)$.

各 $\boldsymbol{v} \in V$ について，$a_1, \ldots, a_m, b_1, \ldots, b_n \in F$ が存在して，

$$\boldsymbol{v} = a_1\boldsymbol{e}_1 + \cdots + a_m\boldsymbol{e}_m + b_1\boldsymbol{f}_1 + \cdots + b_n\boldsymbol{f}_n$$

と書けるが，各 $\boldsymbol{e}_j \in \mathrm{Ker}(L)$ は $\boldsymbol{o}$ に写されるから，

$$\begin{aligned} L\boldsymbol{v} &= a_1L(\boldsymbol{e}_1) + \cdots + a_mL(\boldsymbol{e}_m) + b_1L(\boldsymbol{f}_1) + \cdots + b_nL(\boldsymbol{f}_n) \\ &= b_1L(\boldsymbol{f}_1) + \cdots + b_nL(\boldsymbol{f}_n). \end{aligned}$$

これは，任意の $L\boldsymbol{v}$ が $(L(\boldsymbol{f}_1), \ldots, L(\boldsymbol{f}_n))$ の線形結合で書けることを意味しているから，まず $\mathrm{Im}(L) \subset \mathrm{span}\{L(\boldsymbol{f}_1), \ldots, L(\boldsymbol{f}_n)\}$ であるが，逆の包含関係は明らかだから $\mathrm{Im}(L) = \mathrm{span}\{L(\boldsymbol{f}_1), \ldots, L(\boldsymbol{f}_n)\}$. よって，この n 個のベクトルの組 $\{L(\boldsymbol{f}_1), \ldots, L(\boldsymbol{f}_n)\}$ が独立ならば，$\mathrm{Im}(L)$ の基底であり，$\dim \mathrm{Im}(L) = n$ が言えたことになる．以下，この独立性を示そう．

$c_1, \ldots, c_n \in F$ について，$c_1L(\boldsymbol{f}_1) + \cdots + c_nL(\boldsymbol{f}_n) = \boldsymbol{o}$ を仮定すると，L の線形性より $L(c_1\boldsymbol{f}_1 + \cdots + c_n\boldsymbol{f}_n) = \boldsymbol{o}$ だから，$c_1\boldsymbol{f}_1 + \cdots + c_n\boldsymbol{f}_n \in \mathrm{Ker}(L)$. よって，$\mathrm{Ker}(L)$ の基底 $(\boldsymbol{e}_1, \ldots, \boldsymbol{e}_m)$ と $a'_1, \ldots, a'_m \in F$ によって

$$c_1\boldsymbol{f}_1 + \cdots + c_n\boldsymbol{f}_n = a'_1\boldsymbol{e}_1 + \cdots + a'_m\boldsymbol{e}_m$$

と書ける．この左辺を移行して，

$$a'_1\boldsymbol{e}_1 + \cdots + a'_m\boldsymbol{e}_m - c_1\boldsymbol{f}_1 - \cdots - c_n\boldsymbol{f}_n = \boldsymbol{o}$$

となるが，$(\boldsymbol{e}_1, \ldots, \boldsymbol{e}_m, \boldsymbol{f}_1, \ldots, \boldsymbol{f}_n)$ は V の基底なのだから，この係数はすべて 0 であり，特に $c_1 = \cdots = c_n = 0$. よって，$(L(\boldsymbol{f}_1), \ldots, L(\boldsymbol{f}_n))$ は独立.

□

この定理と，像と全射，核と単射の関係から，以下の定理はほとんど明らかだが，見かけ以上に重要な結果である．

定理 2.4　V, W を有限次元の線形空間とするとき，もし $\dim V < \dim W$ ならば V から W への線形な全射は存在しない．また，$\dim V > \dim W$ ならば V から W への線形な単射は存在しない．

証明 $\dim V < \dim W$ ならば階数定理 (定理 2.3) より，V から W への線形写像 L について，

$$\dim \mathrm{Im}(L) = \dim V - \dim \mathrm{Ker}(L) \leq \dim V < \dim W.$$

よって，W は $\mathrm{Im}(L)$ にない元を持ち，L は全射ではない．

$\dim V > \dim W$ ならば同定理と，$\mathrm{Im}(L) \subset W$ より (定理 1.17)，

$$\dim \mathrm{Ker}(L) = \dim V - \dim \mathrm{Im}(L) \geq \dim V - \dim W > 0.$$

よって，$\mathrm{Ker}(L)$ は $\boldsymbol{o}$ 以外の元を持ち，定理 2.2 より L は単射でない． □

この定理は，線形写像 L に関する方程式 $L(\boldsymbol{x}) = \boldsymbol{b}$ を満たす解 $\boldsymbol{x}$ について基本的な情報を与えてくれる．以下は「ガウスの掃き出し法」など具体的なアルゴリズムで示すこともできるが，上の定理から抽象的に導かれることに注目されたい．

例 2.7 連立 1 次方程式と像と核 係数 $a_{ij}, b_i \in F\,(1 \leq i \leq m, 1 \leq j \leq n)$ と変数 $x_j\,(1 \leq j \leq n)$ に関する，n 変数 m 次連立 1 次方程式

$$\sum_{j=1}^{n} a_{1j}x_j = b_1, \quad \sum_{j=1}^{n} a_{2j}x_j = b_2, \quad \ldots, \quad \sum_{j=1}^{n} a_{mj}x_j = b_m$$

は，n 次元座標空間 F^n のベクトル $\boldsymbol{x} = (x_1, \ldots, x_n)$ を m 次元座標空間 F^m のベクトル $L(\boldsymbol{x}) = (\sum_{j=1}^{n} a_{1j}x_j, \ldots, \sum_{j=1}^{n} a_{mj}x_j)$ に写す線形写像 L とベクトル $\boldsymbol{b} = (b_1, \ldots, b_m) \in F^m$ で $L(\boldsymbol{x}) = \boldsymbol{b}$ と書ける．

よって，上の定理 2.4 より，$\boldsymbol{b} = \boldsymbol{o}$ のとき (つまり斉次型のとき)，方程式の数 m より変数の数 n が大きければ L は単射でないので，非自明な解 (少なくとも 1 つの x_j は 0 でない解) を持つ．また，非斉次型の場合は，変数の数 n より方程式の数 m が多ければ L は全射でないので，解が存在しない $\boldsymbol{b}$ がある．

2.1.3 線形写像の可逆性と線形空間の同型

一般の写像 $\varphi : A \to B$ について，φ が全単射ならば，そしてそのときに限り，逆写像 $\varphi^{-1} : B \to A$ が存在するのだった (定義 0.8)．ここでは，φ が特に線形写像であるとき，その逆写像の性質をまとめておこう．前項で見たよう

に，線形写像の全単射は像と核で決まるから，逆写像も像と核がその鍵になる．

まず，線形写像の可逆性と逆写像を以下のように定義する．なお，以下では線形写像 L, L' の合成 $L \circ L'$ を LL' と略記する．また，定義域 X 上の恒等写像を I_X と書く．

定義 2.4　線形写像の可逆性，逆写像　線形写像 $L : V \to W$ に対し，もし線形写像 $L' : W \to V$ で $L'L = I_V$ かつ $LL' = I_W$ が成り立つものがあるとき，L は可逆であると言い，この L' のことを L の逆，または逆写像と言い，L^{-1} と書く．

一般に，写像 $\varphi : A \to B$ に対し，$\varphi^{-1} \circ \varphi = I_A$ かつ $\varphi \circ \varphi^{-1} = I_B$ を満たす $\varphi^{-1} : B \to A$ があれば，φ^{-1} は一意であり，かつ，φ は全単射である (注意 0.1).

ゆえに線形写像 L の逆写像 L^{-1} も一意だし，また L が可逆であるとき全単射であること，L が全単射であるとき写像の意味での逆写像があることも，一般論である．しかし，線形写像の逆写像には線形性の要請があるため，その部分だけは証明が必要になる．

定理 2.5　線形写像が可逆であることと全単射であることは同値.

証明　上に述べたように，示すべきことは逆写像の線形性だけである．つまり，全単射の線形写像 $L : V \to W$ について，各 $\boldsymbol{w} \in W$ に対し $L(L'(\boldsymbol{w})) = \boldsymbol{w}$ で定めた $L' : W \to V$ が線形であることを示せばよい.

任意の $\boldsymbol{w}_1, \boldsymbol{w}_2 \in W$ について，

$$L(L'(\boldsymbol{w}_1) + L'(\boldsymbol{w}_2)) = L(L'(\boldsymbol{w}_1)) + L(L'(\boldsymbol{w}_2)) = \boldsymbol{w}_1 + \boldsymbol{w}_2$$

であるが，L は単射だから，$L'(\boldsymbol{w}_1) + L'(\boldsymbol{w}_2)$ は $\boldsymbol{w}_1 + \boldsymbol{w}_2$ に L で写される V の唯一の元であり，上の L' の定義より，$L'(\boldsymbol{w}_1 + \boldsymbol{w}_2) = L'(\boldsymbol{w}_1) + L'(\boldsymbol{w}_2)$.

また，任意の $\boldsymbol{w} \in W$ と $k \in F$ について，

$$L(kL'(\boldsymbol{w})) = kL(L'(\boldsymbol{w})) = k\boldsymbol{w}$$

だが，L' の定義より同様に，$L'(k\boldsymbol{w}) = kL'(\boldsymbol{w})$．よって，$L'$ は線形． □

上の定理の同値性より，2 つの線形空間の間に可逆な線形写像があれば，2 つの空間のベクトルは余すところなく 1 対 1 に対応し，しかもその対応はどちら向きにも線形である．このような 2 つの線形空間は本質的に「同じ」ものであると考えられる．よって，以下のように定義する．

定義 2.5 線形空間の同型 2 つの線形空間 V と W の間に可逆な線形写像が存在するとき，V と W は同型であると言い，$V \simeq W$ と書く．

このように「本質的に同じもの」を定義すると，当然ながら，では「本質的に同じでないもの」がどれくらいあるのか，と問うのは自然である．

例えば，もし $V \simeq W$ の一方が有限次元ならば，他方も有限次元であることは，階数定理 (定理 2.3) から明らかだが，同定理から以下のようなさらに強い主張が言える．つまり，有限次元線形空間の同型は次元だけで決定される．

定理 2.6 有限次元線形空間の同型 (F 上の)2 つの有限次元線形空間が同型であることと，次元が一致することは同値．

証明 まず有限次元線形空間 V, W が同型ならば，可逆な線形写像 $L : V \to W$ が存在するから，L が全単射であることより (定理 2.5)，$\mathrm{Im}(L) = W$ かつ $\mathrm{Ker}(L) = \{\boldsymbol{o}\}$(定理 2.2)．よって，階数定理 (定理 2.3) より，

$$\dim V = \dim \mathrm{Ker}(L) + \dim \mathrm{Im}(L) = 0 + \dim W = \dim W.$$

逆に，$\dim V = \dim W = n$ と仮定すると，どちらにも同じ n 個のベクトルからなる基底が存在する．V の基底を $(\boldsymbol{v}_1, \ldots, \boldsymbol{v}_n)$, W の基底を $(\boldsymbol{w}_1, \ldots, \boldsymbol{w}_n)$ とおいて，線形写像 $L : V \to W$ を $v_1, \ldots, v_n \in F$ に対し

$$L(v_1\boldsymbol{v}_1 + \cdots + v_n\boldsymbol{v}_n) = v_1\boldsymbol{w}_1 + \cdots + v_n\boldsymbol{w}_n$$

で定義すると (これが線形であることは明らか)，$W = \mathrm{span}\{\boldsymbol{w}_1, \ldots, \boldsymbol{w}_n\}$ より L は全射であり，$(\boldsymbol{w}_1, \ldots, \boldsymbol{w}_n)$ が独立であることより単射．よって，L は全単射だから可逆であり (定理 2.5)，ゆえに $V \simeq W$． □

注意 2.1　有限次元線形空間と座標空間 F^n　この定理より，どんな (F 上の) 有限次元線形空間 V も座標空間 F^n (例 1.1) と同型である．よって，論理的には，有限次元の線形代数を展開するには，線形空間を最初から F^n ($\mathbb{R}^n$ か $\mathbb{C}^n$) と仮定してしまってよいことになる．実際，この方針は多くの教科書で採用されている．

しかし，線形代数の重要性は，それが線形性を持つ様々な対象に応用できることにあり，そのためには線形代数そのものを抽象的に構築しておくことが便利でもあり，結果的にはやさしくもある．

同じく階数定理 (定理 2.3) より，特に L が有限次元線形空間 V から自分自身 V への線形写像であるときには，以下の強力な定理が言える．

このような自分自身への線形写像 $L : V \to V$ の性質の研究が，線形写像の大きな部分を占めるため，これ以降，線形空間 V からそれ自身 V への線形写像のことを特に V 上の「作用素」と呼ぶことにする[1)]．

定理 2.7　有限次元作用素の可逆性　有限次元線形空間 V 上の作用素について，可逆であること，単射であること，全射であることの 3 つは同値．

証明　この作用素 T が可逆ならば単射であることは定理 2.5 の帰結．

次に，T が単射ならば，$\mathrm{Ker}(T) = \{\boldsymbol{o}\}$ だから (定理 2.2)，階数定理 (定理 2.3) より，

$$\dim \mathrm{Im}(T) = \dim V - \dim \mathrm{Ker}(T) = \dim V - 0 = \dim V$$

となって，T は全射．

最後に，T が全射ならば，$\mathrm{Im}(T) = V$ だから，再び階数定理より，

$$\dim \mathrm{Ker}(T) = \dim V - \dim \mathrm{Im}(T) = \dim V - \dim V = 0$$

となって，$\mathrm{Ker}(T) = \{\boldsymbol{o}\}$ より T は単射でもあるから (定理 2.2)，T は可逆 (定理 2.5)．

---

1) 作用素 (operator) という言葉は写像，関数，変換などと同じ意味か，もしくは若干異なる意味を与えるために，色々な使われ方をしているが，本書ではこの意味だけに限って用いる．

可逆なら単射，単射なら全射，全射なら可逆が言えたので，すべて同値．□

2.1.4 線形汎関数と双対空間

線形写像全体の集合がそれ自身，線形空間でもあることは重要である．ベクトルをベクトルに写す線形写像自身もベクトルとみなせるのである．

定理 2.8 F 上の線形空間 V から W への線形写像全体 $\mathcal{L}(V;W)$ は(写像の自然な和とスカラー倍のもとで)F 上の線形空間である．

証明 線形写像 $L, L' \in \mathcal{L}(V;W)$ について，その和 $L+L'$ を $\boldsymbol{v} \in V$ を $L(\boldsymbol{v}) + L'(\boldsymbol{v}) \in W$ に写す写像として定義すると，$\boldsymbol{v}, \boldsymbol{v}' \in V$ に対し，

$$
\begin{aligned}
&(L+L')(\boldsymbol{v}+\boldsymbol{v}') = L(\boldsymbol{v}+\boldsymbol{v}') + L'(\boldsymbol{v}+\boldsymbol{v}') \\
&= L(\boldsymbol{v}) + L(\boldsymbol{v}') + L'(\boldsymbol{v}) + L'(\boldsymbol{v}') = (L+L')(\boldsymbol{v}) + (L+L')(\boldsymbol{v}').
\end{aligned}
$$

また，任意の $k \in F$ について $(L+L')(k\boldsymbol{v}) = k(L+L')(\boldsymbol{v})$ も同様に確認できるから，$L+L' \in \mathcal{L}(V;W)$．

さらに，$k \in F$ についてスカラー倍 kL を，$\boldsymbol{v} \in V$ を $k(L(\boldsymbol{v})) \in W$ に写す写像として定義すれば，同様にして $kL \in \mathcal{L}(V;W)$ も確認できる．よって，$\mathcal{L}(V;W)$ は線形空間．なお，$\mathcal{L}(V;W)$ の零ベクトルは零写像 O (例 2.6)．□

以下では，線形写像全体の集合 $\mathcal{L}(V;W)$ を，上のように和とスカラー倍を定義した線形空間として考えるものとする．

この線形空間としての線形写像の集合の中で最も重要なものは，線形写像が値をとる空間が体 F である場合である (F は座標空間として線形空間)．その理由の 1 つは，このような線形写像全体の空間 $\mathcal{L}(V;F)$ が，定義域の線形空間 V と「双対」と呼ばれる特別な関係にあることである．

定義 2.6 線形汎関数と双対空間 F 上の線形空間 V から F への線形写像を特に線形汎関数，または線形形式と言う．この線形汎関数全体のなす線形空間 $\mathcal{L}(V;F)$ を V の双対空間と言い，V^* とも書く．

この定義では単に $\mathcal{L}(V;F)$ のことを双対空間と呼ぶと決めたが，なぜそう

呼ぶにふさわしいのか，直ちにはわからない．基底を用いて有限次元の場合にこの事情を見てみよう．以下の記号 δ_{ij} はクロネッカーのデルタと呼ばれる量で $i = j$ のときは 1, $i \neq j$ のときは 0 を表す．

定理 2.9　双対基底　有限次元線形空間 V の基底を $(\boldsymbol{e}_1, \ldots, \boldsymbol{e}_n)$ とすれば，$i = 1, \ldots, n$ について関係 $l_i(\boldsymbol{e}_j) = \delta_{ij}$, $(j = 1, \ldots, n)$ で線形汎関数の組 $(l_1, \ldots, l_n)$ が定まり，これが双対空間 V^* の基底になる (これを双対基底と呼ぶ)．よって，$\dim V^* = \dim V = n$ であり，ゆえに，$V \simeq V^*$.

証明　まず，l_i は線形汎関数であることより，基底をどこに写すかによって定まることを確認する (これは後で見るように一般の線形写像について成り立つ (定理 2.10))．実際，任意の $\boldsymbol{v} \in V$ はその基底によって $\boldsymbol{v} = v_1\boldsymbol{e}_1 + \cdots + v_n\boldsymbol{e}_n$ とただ一通りに書けるから，任意の $l \in V^*$ について

$$l(\boldsymbol{v}) = l(v_1\boldsymbol{e}_1 + \cdots + v_n\boldsymbol{e}_n) = v_1 l(\boldsymbol{e}_1) + \cdots + v_n l(\boldsymbol{e}_n)$$

だから，各 $l(\boldsymbol{e}_i) = a_i \in F$ を定めれば l が確定する．また逆に，$l(\boldsymbol{v}) = v_1 a_1 + \cdots + v_n a_n$ で定めた l が線形汎関数であることは明らか．よって特に $l = l_i$ らも一意に定まっている．

次に，主張の $(l_1, \ldots, l_n)$ が V^* の基底であることを示す．任意の $\boldsymbol{v} = v_1\boldsymbol{e}_1 + \cdots + v_n\boldsymbol{e}_n \in V$ に対し，

$$l_i(\boldsymbol{v}) = l_i(v_1\boldsymbol{e}_1 + \cdots + v_n\boldsymbol{e}_n) = v_1 l_i(\boldsymbol{e}_1) + \cdots + v_n l_i(\boldsymbol{e}_n) = v_i$$

だから，任意の $l \in V^*$ について，$l(\boldsymbol{e}_i) = a_i$ と書けば，

$$\begin{aligned} l(\boldsymbol{v}) &= v_1 l(\boldsymbol{e}_1) + \cdots + v_n l(\boldsymbol{e}_n) = l_1(\boldsymbol{v}) l(\boldsymbol{e}_1) + \cdots + l_n(\boldsymbol{v}) l(\boldsymbol{e}_n) \\ &= a_1 l_1(\boldsymbol{v}) + \cdots + a_n l_n(\boldsymbol{v}) = (a_1 l_1 + \cdots + a_n l_n)(\boldsymbol{v}). \end{aligned}$$

よって，l は l_i らの線形結合で書けるから，$(l_1, \ldots, l_n)$ は V^* を張る．

また，もし $k_1 l_1 + \cdots + k_n l_n = O$ ならば，任意の $\boldsymbol{v} \in V$ について

$$\begin{aligned} 0 &= (k_1 l_1 + \cdots + k_n l_n)(\boldsymbol{v}) = k_1 l_1(\boldsymbol{v}) + \cdots + k_n l_n(\boldsymbol{v}) \\ &= k_1 v_1 + \cdots + k_n v_n \end{aligned}$$

だから，$k_1 = \cdots = k_n = 0$. よって，$(l_1, \ldots, l_n)$ は独立．ゆえに，$(l_1, \ldots, l_n)$ は V^* の基底．　□

2.2 線形写像の表現としての行列

2.2.1 線形写像と行列

線形空間が有限次元の場合には，基底を用いてそれらの間の線形写像を具体的に調べることができる．この基底のもとでの線形写像の表現が行列に他ならない．基底をとって考える以上，自明な場合を除くため本章では以降，有限次元線形空間の次元は 1 以上と仮定する[2)]．

さて，この見方で最も重要な観察は，V の基底がどこに写されるかによって，線形写像 $L \in \mathcal{L}(V;W)$ が決定されてしまうことである．実際，V の基底を $(\boldsymbol{e}_1,\ldots,\boldsymbol{e}_n)$ とすると，任意の $\boldsymbol{v} \in V$ は $\boldsymbol{v} = v_1\boldsymbol{e}_1 + \cdots + v_n\boldsymbol{e}_n$ と一意に書けるが，L によって，

$$L(\boldsymbol{v}) = L(v_1\boldsymbol{e}_1 + \cdots + v_n\boldsymbol{e}_n) = v_1L(\boldsymbol{e}_1) + \cdots + v_nL(\boldsymbol{e}_n) \tag{2.1}$$

に写されるのだから，$L(\boldsymbol{v})$ はベクトルの組 $(L(\boldsymbol{e}_1),\ldots,L(\boldsymbol{e}_n))$ だけで決まり，したがって，L のふるまいはこの組で決定される．逆に W のベクトルの組 $(\boldsymbol{w}_1,\ldots,\boldsymbol{w}_n)$ に対して，$f(\boldsymbol{v}) = v_1\boldsymbol{w}_1 + \cdots + v_n\boldsymbol{w}_n$ によって V から W への写像を定義すると，この f が線形であることもすぐに確認できる．

これは有限次元線形空間の線形写像と行列を結びつける重要な事実なので，以下に定理の形にまとめておく．

定理 2.10　基底と線形写像　有限次元の線形空間 V と W について，$(\boldsymbol{e}_1,\ldots,\boldsymbol{e}_n)$ を V の基底，$\boldsymbol{w}_1,\ldots,\boldsymbol{w}_n$ を W の元とするとき，V から W への線形写像 L は関係，$L(\boldsymbol{e}_1) = \boldsymbol{w}_1,\ldots,L(\boldsymbol{e}_n) = \boldsymbol{w}_n$ で一意に決定される．

この各 $\boldsymbol{w}_j = L(\boldsymbol{e}_j) \in W$ を W の基底 $(\boldsymbol{f}_1,\ldots,\boldsymbol{f}_m)$ によって，

$$L(\boldsymbol{e}_j) = a_{1j}\boldsymbol{f}_1 + \cdots + a_{mj}\boldsymbol{f}_m, \quad (j = 1,\ldots,n) \tag{2.2}$$

と書くと，この mn 個のスカラー $a_{ij} \in F$, $(i = 1,\ldots,m; j = 1,\ldots,n)$ によって L が表現されることになる．これらを以下のように m 行 n 列の長方形の表の形に書いて，(m,n) 行列，または単に行列と言う．

---

2) 零ベクトルのみの線形空間 $V = \{\boldsymbol{o}\}$ 上の線形写像 $V \in \mathcal{L}(V;W)$ は，定理 2.1 の証明の冒頭で見たように $\boldsymbol{o} \in V$ を $\boldsymbol{o} \in W$ に写す自明なものしかない．

$$\mathcal{M}(L) = \begin{bmatrix} a_{11} & a_{12} & \cdots & a_{1n} \\ a_{21} & a_{22} & \cdots & a_{2n} \\ \vdots & \vdots & \cdots & \vdots \\ a_{m1} & a_{m2} & \cdots & a_{mn} \end{bmatrix}.$$

ここで $\mathcal{M}(L)$ は，ベクトルのときと同様に，線形写像 L の (ある基底のもとでの) 成分表示の意味である．また，その第 i 行 j 列成分のことを $\mathcal{M}(L)_{ij} = a_{ij}$ と書く．

特にこの表現が V の基底 $(\boldsymbol{e}_1, \ldots, \boldsymbol{e}_n)$ と W の基底 $(\boldsymbol{f}_1, \ldots, \boldsymbol{f}_m)$ に依存していることを強調したいときは，$\mathcal{M}(L; (\boldsymbol{e}_1, \ldots, \boldsymbol{e}_n), (\boldsymbol{f}_1, \ldots, \boldsymbol{f}_m))$ などと基底を指定して書くこともある．また，L が V 上の作用素で，定義域と終域で同じ基底をとったときには $\mathcal{M}(L; (\boldsymbol{e}_1, \ldots, \boldsymbol{e}_n))$ と略記することもある．

逆に，単に mn 個のスカラー $a_{ij} \in F$, $(i = 1, \ldots, m; j = 1, \ldots, n)$ と，任意に固定した V の基底 $(\boldsymbol{e}_1, \ldots, \boldsymbol{e}_n)$ と W の基底 $(\boldsymbol{f}_1, \ldots, \boldsymbol{f}_m)$ について，上式 (2.2) で L を定めれば，もちろん $L \in \mathcal{L}(V; W)$ である．よって，この意味で，単にスカラーを長方形型に並べたものを行列と呼んでもよい．

V 上の作用素に対応する行列は $\dim V = n$ に対して (n, n) 行列になる．このような正方形型の行列のことを正方行列と言う．

注意 2.2　線形写像とその成分表示　注意 1.2 でベクトルとその成分表示について述べたのと同様に，本書では，線形写像とその表現である行列も (特別な場合を除き) 異なる記号を用いて区別する．

注意 2.3　行と列の覚え方　初学者は行と列について混乱しがちで，「行は横で列は縦」ということすらあやふやになる．その特効薬は，行と列の意味を理解することだろう．第 j 列に縦に並んだスカラーが V の基底ベクトル $\boldsymbol{e}_j$ の L による値 $L(\boldsymbol{e}_j)$ を W の基底で書いたもの (上式 (2.2)) だから，行列とは V の基底の像のベクトルを並べたものである．ゆえに，列が V の基底の数 (次元) だけあり，行が W の基底の数 (次元) だけある．

線形写像 $L \in \mathcal{L}(V; W)$ がベクトル $\boldsymbol{v} \in V$ を $L(\boldsymbol{v}) \in W$ に写す様子を，基

底による行列とベクトルの表現で書いてみよう．上式 (2.1), (2.2) によって，

$$
\begin{aligned}
L(\boldsymbol{v}) &= L(v_1\boldsymbol{e}_1 + \cdots + v_n\boldsymbol{e}_n) = v_1L(\boldsymbol{e}_1) + \cdots + v_nL(\boldsymbol{e}_n) \\
&= v_1(a_{11}\boldsymbol{f}_1 + \cdots + a_{m1}\boldsymbol{f}_m) + \cdots + v_n(a_{1n}\boldsymbol{f}_1 + \cdots + a_{mn}\boldsymbol{f}_m) \\
&= (v_1a_{11} + \cdots + v_na_{1n})\boldsymbol{f}_1 + \cdots + (v_1a_{m1} + \cdots + v_na_{mn})\boldsymbol{f}_m \\
&= \left(\sum_{j=1}^{n} v_ja_{1j}\right)\boldsymbol{f}_1 + \cdots + \left(\sum_{j=1}^{n} v_ja_{ij}\right)\boldsymbol{f}_i + \cdots + \left(\sum_{j=1}^{n} v_ja_{mj}\right)\boldsymbol{f}_m
\end{aligned}
$$

であるから，以下が得られる．

定理 2.11 線形写像の成分表示 $\boldsymbol{v} = v_1\boldsymbol{e}_1 + \cdots + v_n\boldsymbol{e}_n$ で $\mathcal{M}(L)_{ij} = a_{ij}$ のとき，$L(\boldsymbol{v}) \in W$ の第 i 成分が以下で与えられる．

$$
\mathcal{M}(L(\boldsymbol{v}))_i = \sum_{j=1}^{n} a_{ij}v_j, \quad (i = 1, \ldots, m). \tag{2.3}
$$

これを線形写像 L の成分表示 $\mathcal{M}(L)$ と $\boldsymbol{v}$ の成分表示 $\mathcal{M}(\boldsymbol{v})$ の「積」によって，$L(\boldsymbol{v})$ の成分表示 $\mathcal{M}(L(\boldsymbol{v}))$ が得られる，と見て以下のように書く．

$$
\mathcal{M}(L)\mathcal{M}(\boldsymbol{v}) = \begin{bmatrix} a_{11} & a_{12} & \cdots & a_{1n} \\ a_{21} & a_{22} & \cdots & a_{2n} \\ \vdots & \vdots & \vdots & \vdots \\ a_{m1} & a_{m2} & \cdots & a_{mn} \end{bmatrix} \begin{bmatrix} v_1 \\ v_2 \\ \vdots \\ v_n \end{bmatrix} = \begin{bmatrix} \sum_{j=1}^{n} a_{1j}v_j \\ \sum_{j=1}^{n} a_{2j}v_j \\ \vdots \\ \sum_{j=1}^{n} a_{mj}v_j \end{bmatrix} = \mathcal{M}(L(\boldsymbol{v})).
$$

注意 2.4 行列とベクトルの積の覚え方 上式 (2.3) の成分表示は複雑なようだが，行列の行 (横) それぞれとベクトル (縦) との「内積」と見ると覚えやすい．またこれは次節で定義する行列同士の積とも整合的である．

2.2.2 行列のスカラー倍と和

線形写像のスカラー倍と和によって線形写像全体が線形空間をなすのだったから (定理 2.8)，その表現である行列にも同様の演算が定義され，線形空間をなす．

以下では，V の基底を $(\boldsymbol{e}_1, \ldots, \boldsymbol{e}_n)$ (よって，$\dim V = n$)，W の基底

を $(\boldsymbol{f}_1, \ldots, \boldsymbol{f}_m)$ (よって，$\dim W = m$) と選んで固定する．つまり，任意の $L \in \mathcal{L}(V; W)$ は，これらの基底のもとで (m, n) 行列で表現される．

まず，行列 $\mathcal{M}(L)$ と $k \in F$ に対して，そのスカラー倍 $k\mathcal{M}(L)$ を考えよう． 線形写像とその成分表示の関係から，$k\mathcal{M}(L) = \mathcal{M}(kL)$ によって定義することが自然である．

線形写像 $L \in \mathcal{L}(V; W)$ のスカラー倍 kL は，任意の $\boldsymbol{v} \in V$ を

$$kL : V \ni \boldsymbol{v} \mapsto kL(\boldsymbol{v}) \in W$$

のように写す写像だった．$L(\boldsymbol{v})$ の成分表示より (定理 2.11),

$$\mathcal{M}(kL(\boldsymbol{v}))_i = \mathcal{M}(L(k\boldsymbol{v}))_i = \sum_{j=1}^{n} a_{ij}(kv_j) = \sum_{j=1}^{n}(ka_{ij})v_j$$

となって，$k\mathcal{M}(L)_{ij} = \mathcal{M}(kL)_{ij} = ka_{ij}$. 行列の形で書けば，

$$k\begin{bmatrix} a_{11} & a_{12} & \cdots & a_{1n} \\ \vdots & \vdots & \vdots & \vdots \\ a_{m1} & a_{m2} & \cdots & a_{mn} \end{bmatrix} = \begin{bmatrix} ka_{11} & ka_{12} & \cdots & ka_{1n} \\ \vdots & \vdots & \vdots & \vdots \\ ka_{m1} & ka_{m2} & \cdots & ka_{mn} \end{bmatrix}.$$

つまり，各成分を k 倍すればよい．

行列の和についてもスカラー倍のときと同様に，線形写像の成分表示が行列なのだから，$\mathcal{M}(L) + \mathcal{M}(L') = \mathcal{M}(L + L')$ で定義するのが自然である．

線形写像 $L, L' \in \mathcal{L}(V; W)$ の和 $L + L'$ は，任意の $\boldsymbol{v} \in V$ を

$$L + L' : V \ni \boldsymbol{v} \mapsto L(\boldsymbol{v}) + L'(\boldsymbol{v}) \in W$$

のように写す写像だった．よって，$\mathcal{M}(L)_{ij} = a_{ij}, \mathcal{M}(L')_{ij} = a'_{ij}$ と書けば，上と同様の議論によって，$(\mathcal{M}(L) + \mathcal{M}(L'))_{ij} = \mathcal{M}(L + L')_{ij} = a_{ij} + a'_{ij}$. 行列の形で書けば，

$$\begin{bmatrix} a_{11} & a_{12} & \cdots & a_{1n} \\ \vdots & \vdots & \vdots & \vdots \\ a_{m1} & a_{m2} & \cdots & a_{mn} \end{bmatrix} + \begin{bmatrix} a'_{11} & a'_{12} & \cdots & a'_{1n} \\ \vdots & \vdots & \vdots & \vdots \\ a'_{m1} & a'_{m2} & \cdots & a'_{mn} \end{bmatrix}$$

$$= \begin{bmatrix} a_{11} + a'_{11} & a_{12} + a'_{12} & \cdots & a_{1n} + a'_{1n} \\ \vdots & \vdots & \vdots & \vdots \\ a_{m1} + a'_{m1} & a_{m2} + a'_{m2} & \cdots & a_{mn} + a'_{mn} \end{bmatrix}.$$

つまり，各成分同士を足せばよい．

また，零写像 O (例 2.6) の成分表示である $\mathcal{M}(O)$ は，成分がすべて 0 の行列であるが，これを零行列と言い，しばしば零写像と同じ記号 O で書く．

以上の行列のスカラー倍と和によって，$\mathcal{L}(V;W)$ に対応する行列全体も線形空間になる．零行列 O がその零ベクトルである．

2.3 行列の積と逆行列

2.3.1 行列の積

また，線形写像の合成に対応させることで，行列の積も考えることができる．ただしこの場合は，$L \in \mathcal{L}(V;W)$ と $L' \in \mathcal{L}(U;V)$ の合成 $L \circ L' \in \mathcal{L}(U;W)$ の成分表示だから，上のスカラー倍と和の場合とは異なって，一般には異なる大きさの行列の間の積になる．

線形空間 U, V, W のそれぞれの基底を $(\boldsymbol{u}_1, \ldots, \boldsymbol{u}_n), (\boldsymbol{v}_1, \ldots, \boldsymbol{v}_m), (\boldsymbol{w}_1, \ldots, \boldsymbol{w}_l)$ とする．つまり，$\dim U = n, \dim V = m, \dim W = l$ である．さらに，L を V から W への，L' を U から V への線形写像とする．このとき，$\mathcal{M}(L)$ と $\mathcal{M}(L')$ の積を $\mathcal{M}(L)\mathcal{M}(L') = \mathcal{M}(L \circ L')$ で定義する．

$$L : V \to W, \quad L' : U \to V, \quad L \circ L' : U \to W$$

に注意し，基底を用いて，より正確に書けば，

$$\begin{aligned}
&\mathcal{M}(L; (\boldsymbol{v}_1, \ldots, \boldsymbol{v}_m), (\boldsymbol{w}_1, \ldots, \boldsymbol{w}_l))\, \mathcal{M}(L'; (\boldsymbol{u}_1, \ldots, \boldsymbol{u}_n), (\boldsymbol{v}_1, \ldots, \boldsymbol{v}_m)) \\
&= \mathcal{M}(L \circ L'; (\boldsymbol{u}_1, \ldots, \boldsymbol{u}_n), (\boldsymbol{w}_1, \ldots, \boldsymbol{w}_l))
\end{aligned}$$

である (積と基底の順序に注意)．

$\boldsymbol{u} \in U$ を $\boldsymbol{u} = u_1\boldsymbol{u}_1 + \cdots + u_n\boldsymbol{u}_n$ と書いて，$\mathcal{M}(L')_{jk} = a'_{jk}$ とすると，$L'(\boldsymbol{u})$ の成分表示は (定理 2.11)，

$$L'(\boldsymbol{u}) = \sum_{j=1}^{m} \left(\sum_{k=1}^{n} a'_{jk} u_k \right) \boldsymbol{v}_j \in V.$$

さらにこれを L によって写すと，$\mathcal{M}(L)_{ij} = a_{ij}$ として再び定理 2.11 より，

$$\begin{aligned}
L \circ L'(\boldsymbol{u}) &= L \left(\sum_{j=1}^{m} \left(\sum_{k=1}^{n} a'_{jk} u_k \right) \boldsymbol{v}_j \right) = \sum_{i=1}^{l} \left\{ \sum_{j=1}^{m} a_{ij} \left(\sum_{k=1}^{n} a'_{jk} u_k \right) \right\} \boldsymbol{w}_i \\
&= \sum_{i=1}^{l} \left\{ \sum_{k=1}^{n} \left(\sum_{j=1}^{m} a_{ij} a'_{jk} \right) u_k \right\} \boldsymbol{w}_i \in W.
\end{aligned}$$

これを $L \circ L' \in \mathcal{L}(U;W)$ の成分表示と見ると，

$$\mathcal{M}(L \circ L')_{ik} = \sum_{j=1}^{m} a_{ij} a'_{jk} \tag{2.4}$$

となって，行列の積の公式が得られた．$\mathcal{M}(L)$ が (l,m) 行列，$\mathcal{M}(L')$ が (m,n) 行列であるのに対し，$\mathcal{M}(L \circ L')$ は (l,n) 行列であることに注意せよ．

行列の形で書けば，

$$\begin{bmatrix} a_{11} & \cdots & a_{1m} \\ \vdots & \vdots & \vdots \\ a_{l1} & \cdots & a_{lm} \end{bmatrix} \begin{bmatrix} a'_{11} & \cdots & a'_{1n} \\ \vdots & \vdots & \vdots \\ a'_{m1} & \cdots & a'_{mn} \end{bmatrix} = \begin{bmatrix} \sum_j a_{1j}a'_{j1} & \cdots & \sum_j a_{1j}a'_{jn} \\ \vdots & \vdots & \vdots \\ \sum_j a_{lj}a'_{j1} & \cdots & \sum_j a_{lj}a'_{jn} \end{bmatrix}.$$

注意 2.5　行列の積の覚え方　上の公式 (2.4) は一見複雑だが，左の行列の行と右の行列の列との「内積」をとる，と見れば覚えやすい．また公式の形は，添え字 i, j, k の真ん中の j を和をとることで消す (縮約する) ことになっている．よって，(l,m) 行列と (m,n) 行列の積は (l,n) 行列になる．

また，注意 2.4 での行列とベクトルの「積」とも整合的である．つまりベクトルを $(n,1)$ 行列と見れば同じ公式であり，逆に言えば，行列同士の積は行列とベクトルの積であるベクトルを並べたものである．

線形空間 V 上の作用素 $L: V \to V$ については，恒等写像 I (例 2.6) が特別な意味を持っていたが，これに対応する行列 $\mathcal{M}(I)$ の成分は，定義域と終域で共通の基底 $(\boldsymbol{v}_1, \ldots, \boldsymbol{v}_n)$ をとる限り (それがどんな基底でも)，

$$\mathcal{M}(I; (\boldsymbol{v}_1, \ldots, \boldsymbol{v}_n), (\boldsymbol{v}_1, \ldots, \boldsymbol{v}_n))_{ij} = \delta_{ij}$$

である (δ_{ij} はクロネッカーのデルタ (p.62))．実際，任意の作用素 L の成分を $\mathcal{M}(L)_{ij} = a_{ij}$ とするとき，以下のように恒等的である．

$$\sum_{k=1}^{n} a_{ik}\delta_{kj} = a_{ij}, \quad \sum_{k=1}^{n} \delta_{ik}a_{kj} = a_{ij}.$$

この対角成分 (左上から右下への対角線にある成分) が 1 で，それ以外の成分が 0 である正方行列 $\mathcal{M}(I) = (\delta_{ij})$ を単位行列と言い，同じ記号 I で表す．つまり，任意の正方行列 M に対し，$MI = IM = M$ である．

また，零行列 O について，$MO = OM = O$ である．単位行列と零行列はその大きさだけで決まるので，(n,n) 行列であることを強調したいときは I_n や O_n のように添え字をつけて表す．

$$I = \begin{bmatrix} 1 & 0 & \cdots & 0 \\ 0 & 1 & \cdots & 0 \\ \vdots & \vdots & \ddots & \vdots \\ 0 & 0 & \cdots & 1 \end{bmatrix}, \quad O = \begin{bmatrix} 0 & 0 & \cdots & 0 \\ 0 & 0 & \cdots & 0 \\ \vdots & \vdots & \cdots & \vdots \\ 0 & 0 & \cdots & 0 \end{bmatrix}.$$

2.3.2 逆行列と座標変換

行列の積の逆の操作，つまり，行列 $M = \mathcal{M}(L)$ に対して，$M'M = I$ や $MM' = I$ となるような M' を考えたい．

前項の行列の積の定義と，線形写像の逆写像の性質 (第 2.1.3 項) からすれば，行列 $M = \mathcal{M}(L)$ に対し，線形写像 $L \in \mathcal{L}(V;W)$ の逆写像 (定義 2.4) $L^{-1} \in \mathcal{L}(W;V)$ によって $M' = \mathcal{M}(L^{-1})$ とすればよい．

しかし，$L \in \mathcal{L}(V;W)$ の逆写像 L^{-1} が存在する (L が可逆である) のは，L が全単射のときだから，$V \simeq W$ のとき (定義 2.5)，つまり，$\dim V = \dim W$ のときである (定理 2.6)．ゆえに，M' は L が V 上の可逆な作用素であるときに，

$$\mathcal{M}(L' \circ L) = \mathcal{M}(L')\mathcal{M}(L) = \mathcal{M}(I), \quad \mathcal{M}(L \circ L') = \mathcal{M}(L)\mathcal{M}(L') = \mathcal{M}(I),$$

であるような L'，つまり L の逆写像に対応する行列 $M' = \mathcal{M}(L')$ であり，また同じことだが，正方行列 M に対し，

$$M'M = MM' = I$$

を満たす正方行列 M' である．このような M' が存在するとき，行列 M は可逆[3] であると言い，M' のことを M^{-1} と書いて，M の逆行列と呼ぶ．

正方行列 $M = \mathcal{M}(L)$ が可逆であるための必要十分条件は，対応する有限次元の作用素 $L \in \mathcal{L}(V)$ が可逆であることだから，L が全単射であること (定理 2.5)，さらには定理 2.7 より全射であること，つまり，L の階数 $\dim \mathrm{Im}(L)$ が $\dim V$ に等しいことである．この L の階数のことを行列 $M = \mathcal{M}(L)$ の階数と言う．

[3] 可逆な行列を非特異な行列，可逆でない行列を特異な行列と呼ぶ流儀もある．また，可逆な行列は正則行列と呼ばれることも多い．

2.2.1 項の (2.2) 式で見たように，行列の各列が基底を L で写したベクトル (の成分表示) だから，行列の階数は各列をベクトルと見たとき，これらの張る線形空間の次元，つまり，独立なベクトルの数に等しい．

注意 2.6　逆行列を具体的に求めること　与えられた行列 M に対し，その逆行列 M^{-1} の成分も M の成分を用いて書き下せる．例えば，いわゆる「クラメルの公式」である．また，逆行列を具体的に計算する (つまり連立 1 次方程式を解く) アルゴリズムも，「ガウスの掃き出し法 (消去法)」などが知られている．しかし本書では，その成分表示を具体的には求めない．与えられた行列に対し，逆行列の成分を計算する必要がある読者は，齋藤 [2] や佐竹 [3] を参照されたい．

逆行列に関係して次の定理も挙げておく．理論上も応用上も，「都合の良い基底に取り替える」という基底変換は強力なツールである．実際，都合の良い基底に変換可能だ，という事実だけで問題が簡単化されることも多い．

定理 2.12　基底変換の公式　有限次元線形空間 V 上の任意の作用素 T と，V の 2 つの基底 $(\boldsymbol{u}_1, \ldots, \boldsymbol{u}_n), (\boldsymbol{v}_1, \ldots, \boldsymbol{v}_n)$ について，

$$\mathcal{M}(T; (\boldsymbol{u}_1, \ldots, \boldsymbol{u}_n)) = A^{-1}\mathcal{M}(T; (\boldsymbol{v}_1, \ldots, \boldsymbol{v}_n))A.$$

が成り立つ．ここに，$A = \mathcal{M}(I; (\boldsymbol{u}_1, \ldots, \boldsymbol{u}_n), (\boldsymbol{v}_1, \ldots, \boldsymbol{v}_n))$ である．

証明　合成写像と行列の積の関係から，

$$\mathcal{M}(T; (\boldsymbol{u}_1, \ldots, \boldsymbol{u}_n), (\boldsymbol{v}_1, \ldots, \boldsymbol{v}_n)) = \mathcal{M}(T; (\boldsymbol{v}_1, \ldots, \boldsymbol{v}_n), (\boldsymbol{v}_1, \ldots, \boldsymbol{v}_n))A.$$

また同様に，

$$\mathcal{M}(T; (\boldsymbol{u}_1, \ldots, \boldsymbol{u}_n), (\boldsymbol{u}_1, \ldots, \boldsymbol{u}_n)) = A^{-1}\mathcal{M}(T; (\boldsymbol{u}_1, \ldots, \boldsymbol{u}_n), (\boldsymbol{v}_1, \ldots, \boldsymbol{v}_n)).$$

この式の右辺に，上式左辺を代入すれば定理の主張．　□

第 **3** 章

固有値

線形写像にどのようなものがあるかという問題に対し，本章では有限次元の作用素を固有値の概念を用いて「分解」することでその構造を調べる．

3.1 固有値，固有ベクトルと行列表現

本章では有限次元の場合に行列を用いることで，さらに詳しく線形写像の性質を調べていく．階数定理の系 (定理 2.4) より，我々が特に興味を持つべきなのは自分自身への線形写像だから，作用素を対象とする．

以下，本章では V を有限次元の線形空間とし，V 上の作用素全体のなす線形空間 $\mathcal{L}(V;V)$ を $\mathcal{L}(V)$ と略記する．また，自明な場合を除くため，$V \neq \{\boldsymbol{o}\}$，つまり次元は 1 以上とする．

3.1.1 固有値と固有ベクトルの定義と例

作用素 $T \in \mathcal{L}(V)$ を調べる基本的な道具は以下の固有値と固有ベクトルである．以下では，T によるベクトル $\boldsymbol{v} \in V$ の値 $T(\boldsymbol{v})$ を，誤解の恐れがないときには $T\boldsymbol{v}$ と略記する．

定義 3.1　固有値，固有ベクトル　F 上の有限次元線形空間 V 上の作用素 T に対し，ある $\lambda \in F$ と零ベクトルではないある $\boldsymbol{u} \in V$ について，

$$T\boldsymbol{u} = \lambda\boldsymbol{u} \tag{3.1}$$

が成り立つとき，この λ を T の固有値，$\boldsymbol{u}$ を (λ に属する，または，対応する) 固有ベクトルと言う．

この定義の注意点として第一に，方向の異なる固有ベクトルが同じ固有値に属することもあるが，そもそも固有ベクトルにはスカラー倍の任意性がある．

つまり，$\boldsymbol{u}$ が固有ベクトルなら常にその任意のスカラー倍 $k\boldsymbol{u}(\neq \boldsymbol{o})$ も，

$$T(k\boldsymbol{u}) = kT(\boldsymbol{u}) = k(\lambda \boldsymbol{u}) = \lambda(k\boldsymbol{u})$$

より，やはり (同じ固有値 λ に属する) 固有ベクトルである．

よって，固有ベクトル $\boldsymbol{u}$ に対し 1 次元の線形部分空間 $U = \{k\boldsymbol{u} \in V; k \in F\}$ の T による像は U 自身であり，また逆に，T による像が自分自身であるような 1 次元部分空間の ($\boldsymbol{o}$ でない) ベクトルは T の固有ベクトルである．

第二に，上式 (3.1) は $(T - \lambda I)\boldsymbol{u} = \boldsymbol{o}$ とも書けるから ($I = I_V$ は恒等写像 (定義 2.6))，λ が T の固有値であることと，作用素 $T - \lambda I$ が単射で「ない」ことは同値である．よって，$T - \lambda I$ が可逆でないこととも同値，全射でないこととも同値である (定理 2.7)．

我々は 2 次元のときの固有値，固有ベクトルについてはお馴染みだが (第 0.1 節)，基本的な例を 3 つ振り返っておこう．

例 3.1　2 次元の折り返し　座標空間 $\mathbb{R}^2$ 上の作用素 T として，$T(x, y) = (y, x)$ を考える．この幾何学的意味は直線 $y = x$ での「折り返し」である．

$T(x, y) = (y, x) = \lambda(x, y)$ が成り立つのは，$y = \lambda x$, $x = \lambda y$ より，$y = \lambda^2 y$ だから，$\lambda = 1$ で $x = y$ か，$\lambda = -1$ で $x = -y$ かのどちらか．よって，固有値は 1 と -1 のみで，属する固有ベクトルはそれぞれ $(1, 1)$ と $(1, -1)$．つまり，T は直線 $y = x$ と $y = -x$ を動かさない．

例 3.2　2 次元の回転　座標空間 $\mathbb{R}^2$ 上の作用素 T として，$T(x, y) = (-y, x)$ を考える．この幾何学的な意味は，90 度の回転である．

$T(x, y) = (-y, x) = \lambda(x, y)$ ならば，$-y = \lambda x$, $x = \lambda y$ より，$-y = \lambda^2 y$ だから，どんな $\lambda \in \mathbb{R}$ に対しても，$x = y = 0$．よって，固有ベクトルは存在しない．このことは，回転が (零ベクトルでない) すべてのベクトルの方向を変えてしまうことからも納得できる．

しかし，座標空間 $\mathbb{C}^2$ で考えれば，$-y = \lambda^2 y$ より，$\lambda = i$(虚数単位) または $\lambda = -i$ であり，各固有値に対して固有ベクトル，$(1, i)$, $(1, -i)$ が存在する．よって，T は直線 $y = ix$ と $y = -ix$ を動かさない．

例 3.3 固有値が 1 つしかない例 2 次元の座標空間 $\mathbb{R}^2$ 上の作用素 T として，$T(x,y)=(x+y,y)$ を考えよう．

$T(x,y)=(x+y,y)=\lambda(x,y)$ ならば，$x+y=\lambda x$, $y=\lambda y$ だから，$\lambda=1$ しかありえない．これに属する固有ベクトルは，$x+y=x$ より，$(1,0)$ であり，つまり T は直線 $y=0$ (x 軸) を動かさない．

上の固有値，固有ベクトルの定義について，以下の注意をしておく．

注意 3.1 行列の固有値と固有ベクトル 本書では作用素に対して固有値と固有ベクトルを定義したので，これらの概念は基底に依存しない．

一方，行列 A に対して $A\boldsymbol{x}=\lambda\boldsymbol{x}$ で固有値 λ と固有ベクトル $\boldsymbol{x}$ を定義することもできる (第 0.1 節の 2 次元での扱いは，この 2 通りが曖昧になっている)．行列とは線形写像のある基底のもとでの表現だから，

$$A\boldsymbol{x}=\mathcal{M}(T)\mathcal{M}(\boldsymbol{v})=\mathcal{M}(T\boldsymbol{v})=\mathcal{M}(\lambda\boldsymbol{v})=\lambda\mathcal{M}(\boldsymbol{v})=\lambda\boldsymbol{x}$$

より，この 2 通りの定義で固有値は一致する．もちろん固有ベクトルは，基底によってその成分表示が異なる．

以下の定理は定義よりすぐにわかるが，重要な性質である．

定理 3.1 固有ベクトルの独立性 有限次元線形空間上の作用素の互いに異なる固有値に属する固有ベクトルたちは互いに独立．

証明 作用素 T の互いに異なる固有値 $(\lambda_1,\ldots,\lambda_m)$ に属する固有ベクトルを順に $(\boldsymbol{u}_1,\ldots,\boldsymbol{u}_m)$ とする．これらが独立でないと仮定して背理法で示す．

独立でないならば，従属性の基本補題 (定理 1.5) より，適当なスカラー $a_1,\ldots,a_{k-1}\in F$ に対して

$$\boldsymbol{u}_k=a_1\boldsymbol{u}_1+\cdots+a_{k-1}\boldsymbol{u}_{k-1} \tag{3.2}$$

が成り立つような一番小さな添え字 k が選べる．k の最小性から $\boldsymbol{u}_1,\ldots,\boldsymbol{u}_{k-1}$ が独立であることに注意せよ．

この両辺に T を作用させれば，固有値を用いて，

$$\lambda_k \boldsymbol{u}_k = a_1\lambda_1\boldsymbol{u}_1 + \cdots + a_{k-1}\lambda_{k-1}\boldsymbol{u}_{k-1} \tag{3.3}$$

となるが，1 つ上の式 (3.2) に λ_k をかけて上式 (3.3) との差をとれば，

$$\boldsymbol{o} = a_1(\lambda_k - \lambda_1)\boldsymbol{u}_1 + \cdots + a_{k-1}(\lambda_k - \lambda_{k-1})\boldsymbol{u}_{k-1}.$$

よって，$\boldsymbol{u}_1, \ldots, \boldsymbol{u}_{k-1}$ の独立性と，$\lambda_1, \ldots, \lambda_{k-1}$ が互いに異なることから，$a_1 = \cdots = a_{k-1} = 0$. ゆえに式 (3.2) より $\boldsymbol{u}_k = \boldsymbol{o}$ となって，$\boldsymbol{u}_k$ が固有ベクトルであることに矛盾. □

基底と次元の意味と上の定理から直ちに以下の定理が得られる.

定理 3.2　作用素 $T \in \mathcal{L}(V)$ の異なる固有値の個数は $\dim V$ 以下.

3.1.2　上三角行列と対角行列

固有値，固有ベクトルを用いて作用素を研究するにあたって，基本になる考え方は，作用素のできるだけ単純な行列表現を見つけることである. では，「できるだけ単純な」行列とは何か，それが以下の 2 種類の行列である.

定義 3.2　上三角行列と対角行列　正方行列で，その i 行 j 列成分 a_{ij} について，$i > j$ ならば $a_{ij} = 0$ であるものを上三角行列と言う. さらに，$i \neq j$ ならば $a_{ij} = 0$ であるもの，つまり，対角成分以外が 0 である行列を対角行列と言う.

直接的に書けば，以下の左のような行列が上三角行列，右のような行列が対角行列である. ここで $*$ で表した勝手なスカラーたちも 0 を含んでよい.

$$\begin{bmatrix} * & * & * & \cdots & * \\ 0 & * & * & \cdots & * \\ 0 & 0 & * & \cdots & * \\ \vdots & \vdots & \vdots & \ddots & \vdots \\ 0 & 0 & 0 & \cdots & * \end{bmatrix}, \quad \begin{bmatrix} * & 0 & 0 & \cdots & 0 \\ 0 & * & 0 & \cdots & 0 \\ 0 & 0 & * & \cdots & 0 \\ \vdots & \vdots & \vdots & \ddots & \vdots \\ 0 & 0 & 0 & \cdots & * \end{bmatrix}.$$

注意 2.3 より行列の各列は基底の像だったから，作用素 T がある基底のもとで対角行列で表せるならば，その作用素は各基底の方向を対角成分倍するだけの線形写像である．つまり，各基底の方向の 1 次元線形部分空間が T の作用で変化しない．よって，この場合には，作用素のふるまいが完全に理解されたと考えてよいだろう．

一方，上三角行列については，やはり第 1 の基底がその対角成分倍に写される．そして，第 2 の基底はその対角成分倍と第 1 の基底の定数倍との和で書け，第 3 の基底はその対角成分倍と第 1 と第 2 の基底の各定数倍との和で書け，……となっている．つまり，基底を $(\boldsymbol{u}_1, \ldots, \boldsymbol{u}_n)$ とすれば，この作用素 T に対し，$T\boldsymbol{u}_j \in \mathrm{span}\{\boldsymbol{u}_1, \ldots, \boldsymbol{u}_j\}$, $(j = 1, \ldots, n)$ となっている．

ゆえに，n 個の部分空間 $\mathrm{span}\{\boldsymbol{u}_1, \ldots, \boldsymbol{u}_j\}$, $(j = 1, \ldots, n)$ たちはどれも，T によって変化しない．この性質は対角行列のときほど好都合ではないが，やはり，この作用素がよく理解された，と考えられる．

注意 3.2　作用素によって不変な部分空間　V の線形部分空間 U は，任意の $\boldsymbol{u} \in U$ について $T\boldsymbol{u} \in U$ となっているとき，T (の作用) について不変である，または T 不変である，などと言う．上記の方針を一言で表せば，「T 不変な部分空間を見つけることで作用素 T を理解しよう」である．

3.1.3 上三角行列と固有値

実際，このような行列表現が得られれば，その作用素について色々な情報が得られる．例えば一般に，与えられた作用素や行列に対して固有値を求めることは非常に難しいが [1)]，もし上三角行列で書けるならば固有値もわかる．

定理 3.3　上三角行列と固有値　作用素 $T \in \mathcal{L}(V)$ がある基底のもとで上三角行列 $\mathcal{M}(T)$ に書けるならば，T の固有値は $\mathcal{M}(T)$ の対角成分と一致する (対角成分には同じ値が重複することもある)．

この定理は，以下の定理の系として直ちに得られるので，まずこちらを証明する．これ自体も重要な主張である．

---

1) 多くのアルゴリズムがあり，近似を許せば高速な数値計算も可能だが，一般的で強力な公式は知られていない．

定理 3.4　上三角行列と可逆性　作用素 $T \in \mathcal{L}(V)$ がある基底のもとで上三角行列 $\mathcal{M}(T)$ に書けるならば，T が可逆であることと $\mathcal{M}(T)$ の対角成分がどれも 0 でないことは同値.

証明　この基底を $(\boldsymbol{v}_1, \ldots, \boldsymbol{v}_n)$ とし，この基底での $\mathcal{M}(T)$ の対角成分を順に $\lambda_1, \ldots, \lambda_n$ と書く．また，各 j について $U_j = \mathrm{span}\{\boldsymbol{v}_1, \ldots, \boldsymbol{v}_j\}$ と書く．

まず，T が可逆ならどの対角成分も 0 でないことを示そう．この対偶，つまり，$\lambda_j = 0$ となる番号 j があれば可逆でないことを示せばよい．

もし，$\lambda_1 = 0$ ならば，$T\boldsymbol{v}_1 = \boldsymbol{o}$ だから，T は単射ではなく (定理 2.2)，よって可逆でないので (定理 2.7)，既に正しい．よって，ある番号 $j\,(1 < j \leq n)$ で $\lambda_j = 0$ と仮定する．

このとき上三角行列の表現から $T\boldsymbol{v}_j \in U_{j-1}$ だから，T の定義域を U_j に制限した線形写像 $T|_{U_j} : U_j \to U_{j-1}$ は (写像の制限については定義 0.5 参照)，j 次元線形空間から $(j-1)$ 次元線形空間への線形写像．ゆえに，単射ではなく (定理 2.4)，可逆でない (定理 2.5).

次に，対角成分がどれも 0 でないなら可逆であることを示す．これもその対偶，つまり，可逆でないなら対角成分のどれかが 0，を示せばよい．

作用素が可逆でないならば単射でないから (定理 2.7)，$T(\boldsymbol{v}) = \boldsymbol{o}$ となるような $\boldsymbol{v} \neq \boldsymbol{o}$ がある (定理 2.2)．この $\boldsymbol{v}$ を基底を用いて $\boldsymbol{v} = a_1\boldsymbol{v}_1 + \cdots + a_k\boldsymbol{v}_k$ (k は a_k が 0 でない最大の添え字) と書くと，

$$\boldsymbol{o} = T(a_1\boldsymbol{v}_1 + \cdots + a_k\boldsymbol{v}_k) = (a_1T\boldsymbol{v}_1 + \cdots + a_{k-1}T\boldsymbol{v}_{k-1}) + a_kT\boldsymbol{v}_k$$

だから，最右辺の括弧の中が上三角行列の表現より U_{k-1} に含まれることに注意すれば，$a_kT\boldsymbol{v}_k \in U_{k-1}$ であり，よって，($a_k \neq 0$ より) $T\boldsymbol{v}_k \in U_{k-1}$.

ゆえに，$T\boldsymbol{v}_k$ をこの基底で書いたときの $\boldsymbol{v}_k$ の係数 λ_k は 0.　□

この定理から，先に述べた定理 3.3 が直ちに得られる．実際，T がある基底のもとで上三角行列で書けて，その対角成分が $\lambda_1, \ldots, \lambda_n$ であるとき，作用素 $(T - \lambda I)$ も同じ基底のもと上三角行列に書けて，その対角成分は $\lambda_1 - \lambda, \ldots, \lambda_n - \lambda$ である．上定理より作用素 $(T - \lambda I)$ が可逆でないのは，ある j で $\lambda - \lambda_j = 0$ となることと同値だから，λ は $\lambda_1, \ldots, \lambda_n$ の各々に一致するとき，かつ，そのときに限り固有値.

3.1.4 対角行列と作用素の分解

当然ながら，作用素が適当な基底のもと対角行列で書けるときには，さらに多くのことがわかる．このときを「対角化可能」と呼ぶ．

$\mathcal{M}(T)$ が対角行列ならば，基底を $(\boldsymbol{v}_1, \ldots, \boldsymbol{v}_n)$, その対角成分を $\lambda_1, \ldots, \lambda_n$ としたとき，$T\boldsymbol{v}_j = \lambda_j \boldsymbol{v}_j$, $(j = 1, \ldots, n)$ なのだから，固有値，固有ベクトルの定義式 (3.1) と同値である．定理の形にまとめれば，

定理 3.5　対角行列と固有ベクトル　作用素 $T \in \mathcal{L}(V)$ が対角化可能であることと，T の固有ベクトルたちが V の基底をなすことは同値．

重複なく次元分の固有値があれば，それらに属する独立な固有ベクトルたちが基底になるため，以下の定理のように対角化可能である．これが理想的な場合だが，そこまで好都合でないときの事情を調べることが，固有値の理論の主な課題になる．

定理 3.6　作用素 $T \in \mathcal{L}(V)$ が $\dim V$ 個の互いに異なる固有値を持てば，対角化可能である (実際，固有ベクトルたちがその基底).

証明　$n = \dim V$ として，T の互いに異なる固有値を $\lambda_1, \ldots, \lambda_n$，それぞれに属する固有ベクトルを $\boldsymbol{v}_1, \ldots, \boldsymbol{v}_n$ と書く．異なる固有値に属する固有ベクトルは独立だったから (定理 3.1)，$(\boldsymbol{v}_1, \ldots, \boldsymbol{v}_n)$ は n 個の独立なベクトルの組であり，よって V の基底 (定理 1.16)．固有値，固有ベクトルの定義式 (3.1) より，この基底のもとで T は対角行列に書ける． □

もちろん，上の定理の逆は成り立たない．つまり，対角化可能でも，次元個の互いに異なる固有値を持つとは言えない．例えば，恒等写像は任意の基底のもと単位行列 (もちろん対角行列) に書けるが，固有値は 1 しかない．

固有ベクトルは T 不変な 1 次元の線形部分空間をなすのだったから，対角化可能であることは，次のように言い換えられる．

定理 3.7　対角行列と線形空間の分解　作用素 $T \in \mathcal{L}(V)$ が対角化可能であることと，V が T 不変な 1 次元の線形部分空間 $U_1, \ldots, U_n$ によって $V = U_1 \oplus \cdots \oplus U_n$ と直和に分解されることは同値 $(n = \dim V)$.

証明　対角化可能ならば，定理 3.5 より固有ベクトルたち $(\boldsymbol{u}_1, \ldots, \boldsymbol{u}_n)$ が基底になる．$U_j = \mathrm{span}\{\boldsymbol{u}_j\}$, $(j = 1, \ldots, n)$ とおけば，U_j は V の T 不変な 1 次元線形部分空間であり，$\boldsymbol{v}_j$ たちは基底なのだから，任意のベクトルがこれらの線形結合で一意に書ける．よって，T は $U_1, \ldots, U_n$ の直和.

逆に $V = U_1 \oplus \cdots \oplus U_n$ と T 不変な 1 次元線形部分空間の直和で書けるとする．零ベクトルでないベクトル $\boldsymbol{u}_j \in U_j$ を 1 つずつ選べば，これらは固有ベクトル．また，任意の $\boldsymbol{v} \in V$ が各 $\boldsymbol{v}_j \in U_j$ によって $\boldsymbol{v} = \boldsymbol{v}_1 + \cdots + \boldsymbol{v}_n$ と一意に書けて，この $\boldsymbol{v}_j$ は $\boldsymbol{u}_j$ のスカラー倍だから，固有ベクトルの組 $(\boldsymbol{u}_1, \ldots, \boldsymbol{u}_n)$ は V の基底．よって，定理 3.5 より対角化可能. □

固有値 λ と $(T - \lambda I)$ が単射でないことの関係から，対角化可能を $(T - \lambda I)$ の核の言葉でも言い換えられる.

定理 3.8　対角行列と線形空間の分解 2　作用素 $T \in \mathcal{L}(V)$ の互いに異なる固有値を $\lambda_1, \ldots, \lambda_m$ と書くとき $(1 \leq m \leq \dim V)$，T が対角化可能であることと，V が以下のように直和分解されることは同値.

$$V = \mathrm{Ker}(T - \lambda_1 I) \oplus \cdots \oplus \mathrm{Ker}(T - \lambda_m I). \tag{3.4}$$

証明　対角化可能ならば，定理 3.5 より固有ベクトルたちが基底だから，任意の $\boldsymbol{v} \in V$ が固有ベクトルの線形結合で一意に書ける．すなわち，

$$V = \mathrm{Ker}(T - \lambda_1 I) + \cdots + \mathrm{Ker}(T - \lambda_m I).$$

各 $\boldsymbol{u}_j \in \mathrm{Ker}(T - \lambda_j I)$ によって，$\boldsymbol{o} = \boldsymbol{u}_1 + \cdots + \boldsymbol{u}_m$ と書けたとすると，異なる固有値に属する固有ベクトルが独立であることより (定理 3.1)，各 $\boldsymbol{u}_j = \boldsymbol{o}$. よって，定理 1.2 より上の和は直和.

逆に直和分解 (3.4) が成り立っていれば，定理 1.19 より，

$$\dim V = \dim(\mathrm{Ker}(T - \lambda_1 I)) + \cdots + \dim(\mathrm{Ker}(T - \lambda_m I)). \tag{3.5}$$

各 $\mathrm{Ker}(T - \lambda_j I)$ に基底を適当に選んで，これらの基底ベクトルをすべてあわせたものを $(\boldsymbol{v}_1, \ldots, \boldsymbol{v}_n)$ と書く．ここで，上式 (3.5) から $n = \dim V (\geq m)$ であることに注意せよ．

この n 個のベクトルの組は，異なる固有値に属する固有ベクトルは独立であること，また同じ $\mathrm{Ker}(T - \lambda_j I)$ の中では基底に選ばれていることから，全体でも独立である．よって，V の基底であり (定理 1.16)，すなわち，固有ベクトルが基底になっている．ゆえに，T は対角化可能 (定理 3.5). □

このように，作用素 $T \in \mathcal{L}(V)$ が対角化可能であれば，V は $\mathrm{Ker}(T - \lambda_j I)$ らに直和分解される．この各部分空間は T 不変だが，一般には 1 次元とは限らず，各固有値に 1 次元以上の空間が付随していることになる．この意味で，$\mathrm{Ker}(T - \lambda_j I)$ のことを「(固有値 λ_j に属する) 固有空間」と言う．

3.2 複素線形空間上の作用素の分解

前節での内容は,「もし, (基底をうまく選んで) 単純な行列に書けたとしたら」, 固有値や固有ベクトルについての情報が色々と得られる，というものだった．

以降では，どういうときに固有値が存在するのかを調べる．大事なことは，線形空間が定義されている体 F が複素数 $\mathbb{C}$ か実数 $\mathbb{R}$ かによって様子が異なることである．本節では，より性質の良い $F = \mathbb{C}$ の場合を調べる．

3.2.1 複素線形空間での固有値の存在

固有値に関するおそらく最も基本的かつ重要な主張が以下の定理だろう．

定理 3.9 有限次元の複素線形空間 V 上の作用素 T は (少なくとも 1 つ) 固有値を持つ．

この定理の証明の前に準備として，多項式に作用素を「代入する」，という概念を導入しておく．以下，作用素 S, T の合成 $S \circ T$ を単に ST のように略記することもある．

F 上の有限次元線形空間 V 上の作用素 T について，その自分自身との合成

$TT = T \circ T$ や，さらには $TTT, TTTT, \ldots$ はどれも，V 上の作用素であることに注意せよ．このように n 個の T を合成したものを，$T^n \in \mathcal{L}(V)$ と書く．もちろん，これらの和も V 上の作用素である．

よって，係数 $a_0, \ldots, a_m \in F$，変数 $z \in F$ の m 次多項式，

$$p(z) = a_0 + a_1 z + a_2 z^2 + \cdots + a_m z^m$$

に対し，作用素 $p(T) \in \mathcal{L}(V)$ を，多項式 $p(z)$ に T を「代入」したもの，

$$p(T) = a_0 I + a_1 T + a_2 T^2 + \cdots + a_m T^m$$

で定義できる ($T^0 = I \in \mathcal{L}(V)$ は恒等写像)．

任意の非負の整数 m, n に対し，$T^m T^n = T^{m+n}$ や，$(T^m)^n = T^{mn}$ が成り立つし，$T^n T^m = T^m T^n$ も明らか．よって，任意の 2 つの多項式 $p(z), q(z)$ について，

$$p(T)q(T) = (pq)(T) = (qp)(T) = q(T)p(T)$$

が成り立つ．一般に 2 つの作用素 T, S の合成は交換可能でないが ($TS \neq ST$)，このように T の多項式については，通常の多項式と同様の計算ができる．

この概念を用いると，上の定理が以下のように簡単に示せる．

証明　$n = \dim V > 0$ とおく．$\boldsymbol{o}$ でない任意のベクトル $\boldsymbol{v} \in V$ に対し，$(\boldsymbol{v}, T\boldsymbol{v}, T^2\boldsymbol{v}, \ldots, T^n\boldsymbol{v})$ は $n+1$ 個のベクトルだから次元の定義より従属であり，$a_0\boldsymbol{v} + a_1 T\boldsymbol{v} + \cdots + a_n T^n \boldsymbol{v} = \boldsymbol{o}$ となる非自明な $a_0, \ldots, a_n \in \mathbb{C}$ がある．

一方，代数学の基本定理の系より (定理 0.2)，

$$a_0 + a_1 z + \cdots + a_n z^n = c(z - \lambda_1) \cdots (z - \lambda_m)$$

となる $c \neq 0, \lambda_1, \ldots, \lambda_m \in \mathbb{C}$ が存在する．ここで m は $a_m \neq 0$ であるような最大の添え字 $0 < m \leq n$ ($\boldsymbol{v} \neq \boldsymbol{o}$ より $m \neq 0$)．ゆえに，

$$\begin{aligned} \boldsymbol{o} &= a_0\boldsymbol{v} + a_1 T\boldsymbol{v} + \cdots + a_n T^n \boldsymbol{v} = (a_0 I + a_1 T + \cdots + a_n T^n)\boldsymbol{v} \\ &= c(T - \lambda_1 I) \cdots (T - \lambda_m I)\boldsymbol{v}. \end{aligned}$$

これより，$(T - \lambda_1 I), \ldots, (T - \lambda_m I)$ のうち少なくとも 1 つは単射でない．なぜなら，すべて単射ならすべて可逆であり (定理 2.7)，$\boldsymbol{v} = \boldsymbol{o}$ となってしまう．よって，ある j で $(T - \lambda_j I)$ が単射でない．つまり λ_j が T の固有値．□

注意 3.3 この定理は行列式を用いて証明されることが多い．しかし，それには先に行列式を定義して，その性質や作用素との関係も調べておく必要がある．これにはかなりのページ数 (講義回数) が必要だし，この定理についてさほどの洞察を与えてくれるわけではない．

一方，上の証明では，なぜ $F = \mathbb{C}$ のとき固有値が存在するのか，$\mathbb{R}$ のときはどうなりそうか，簡単に見てとれる．この証明は Axler [9] などで用いられていて，線形代数を抽象的に展開するには妥当で，便利でもある．本書でも，線形性を中心に解説する立場から，この方針をとった．

上の定理から，以下のように上三角行列で書けることがわかる．以下の定理の証明の「肝」は，作用素の定義域を制限することで次元の帰納法に持ち込むことである．このテクニックは今後何度も使うので，よく吟味されたい．

定理 3.10 複素線形空間上の作用素と上三角行列 有限次元の複素線形空間 V 上の作用素 T は，ある基底のもとで上三角行列に書ける．

証明 次元についての帰納法で証明する．まず，$\dim V = 1$ の場合は明らかに成立．$n = \dim V > 1$ として，$n-1$ 以下の次元では定理が成り立っていると仮定し，n 次元でも成立することを示そう．

作用素 $T \in \mathcal{L}(V)$ は少なくとも 1 つ固有値を持つのだった (定理 3.9)．その 1 つを λ として，作用素 $(T - \lambda I)$ を考えると，これは単射ではないから，$\dim \operatorname{Im}(T - \lambda I) < n$ である (定理 2.7)．

$U = \operatorname{Im}(T - \lambda I)$ と書くと，任意の $\boldsymbol{u} \in U$ について，

$$T\boldsymbol{u} = T\boldsymbol{u} - \lambda\boldsymbol{u} + \lambda\boldsymbol{u} = (T - \lambda I)\boldsymbol{u} + \lambda\boldsymbol{u}$$

より，$T\boldsymbol{u}$ は U の元の和になっているから $T\boldsymbol{u} \in U$ であり，U は T 不変．よって，T の U への制限 $T|_U$ は (定義 0.5)，U 上の作用素とみなせる ($T|_U : U \to U$)．

上で見たように $\dim U < n$ だから帰納法の仮定が使えて，$T|_U$ を上三角行列に書くような U の基底 $(\boldsymbol{u}_1, \ldots, \boldsymbol{u}_m)$ があり，

$$T|_U \boldsymbol{u}_j = T\boldsymbol{u}_j \in \operatorname{span}\{\boldsymbol{u}_1, \ldots, \boldsymbol{u}_j\}, \quad (j = 1, \ldots, m).$$

この U の基底に適当に V のベクトルを追加して，$(\boldsymbol{u}_1, \ldots, \boldsymbol{u}_m, \boldsymbol{v}_1, \ldots, \boldsymbol{v}_l)$ が V に基底になるようにできる (定理 1.12).

$$T\boldsymbol{v}_k = T\boldsymbol{v}_k - \lambda\boldsymbol{v}_k + \lambda\boldsymbol{v}_k = (T - \lambda I)\boldsymbol{v}_k + \lambda\boldsymbol{v}_k, \quad (k = 1, \ldots, l)$$

と書くと，$(T - \lambda I)\boldsymbol{v}_k \in U$ より $T\boldsymbol{v}_k \in \operatorname{span}\{\boldsymbol{u}_1, \ldots, \boldsymbol{u}_m, \boldsymbol{v}_1, \ldots, \boldsymbol{v}_k\}$. ゆえに，$T$ は基底 $(\boldsymbol{u}_1, \ldots, \boldsymbol{u}_m, \boldsymbol{v}_1, \ldots, \boldsymbol{v}_l)$ について上三角行列で書ける．□

注意 3.4　固有値の「個数」について　定理 3.3 で見た上三角行列と固有値の関係と上の定理から，有限次元の複素線形空間上の作用素は，同じ値も重複して数えれば，次元に等しい個数の固有値を持つ．しかし本書では，固有値の個数とは値の異なるものの個数を指すのだった．

3.2.2　一般化固有ベクトル

第 3.1.4 項で見た対角行列と固有値，固有ベクトルとの関係によれば，作用素 $T \in \mathcal{L}(V)$ の固有ベクトルが基底になること，対応する行列が対角化可能であること (定理 3.5)，T 不変な 1 次元線形部分空間 U_j で，$V = U_1 \oplus \cdots \oplus U_n$ と直和分解できること (定理 3.7)，さらに，互いに異なる固有値たち λ_j で

$$V = \operatorname{Ker}(T - \lambda_1 I) \oplus \cdots \oplus \operatorname{Ker}(T - \lambda_m I)$$

と直和分解できること (定理 3.8) は，すべて同値だった．

複素線形空間でなら常に上式の分解が成り立つことを期待したくなるが，一般には成り立たない．その原因は固有ベクトルが十分にないことである．

しかし，V が複素線形空間ならば常に，$n = \dim V$ として，

$$V = \operatorname{Ker}((T - \lambda_1 I)^n) \oplus \cdots \oplus \operatorname{Ker}((T - \lambda_m I)^n)$$

のような直和分解が成り立つことを示そう．そのための鍵が，固有ベクトルの意味を拡張した，以下の一般化固有ベクトルである．

定義 3.3　一般化固有ベクトル　有限次元線形空間 V 上の作用素 T とその固有値 λ に対し，ある $\boldsymbol{o}$ でない $\boldsymbol{u} \in V$ とある自然数 j について，

$$(T - \lambda I)^j \boldsymbol{u} = \boldsymbol{o} \tag{3.6}$$

となるとき，この $\boldsymbol{u}$ を (固有値 λ に属する) 一般化固有ベクトルと言う．

もちろん，通常の固有ベクトルも一般化固有ベクトルである ($j = 1$ の場合)．簡単な例を見ておこう．

例 3.4 例 3.3 再訪 例 3.3 の $T(w, z) = (w + z, z)$ を $\mathbb{C}^2$ 上の作用素として見直してみよう．それでもこの固有値は $\lambda = 1$ のみで，固有ベクトルは $(1,0)$ (とその定数倍) のみ．しかし，

$$(T - I)(w, z) = (w + z, z) - (w, z) = (z, 0),$$
$$(T - I)^2(w, z) = (T - I)(z, 0) = (z, 0) - (z, 0) = (0, 0)$$

より，($\boldsymbol{o}$ 以外の) すべてのベクトルが固有値 1 に属する一般化固有ベクトル．

例 3.5 $\mathbb{C}^3$ 上の作用素 T を $T(x, y, z) = (x, z, 0)$ で定める．この固有値は 0 と 1 の 2 つだけで，0 に属する固有ベクトルは $(0, 1, 0)$ のみ，1 に属する固有ベクトルは，(1, 0, 0) のみ．しかし，

$$(T - 0I)^2(x, y, z) = T^2(x, y, z) = T(x, z, 0) = (x, 0, 0)$$

だから，任意の (同時に 0 でない) y, z について $(0, y, z)$ が固有値 0 に属する一般化固有ベクトル．また，同様の計算で

$$(T - I)^2(x, y, z) = (T - I)(0, z - y, -z) = (0, -2z + y, z)$$

だから，任意の $x \neq 0$ について $(x, 0, 0)$ が固有値 1 に属する一般化固有ベクトル．よって，一般化固有ベクトルによる以下の分解ができている．

$$\mathbb{C}^3 = \{(0, y, z) : y, z \in \mathbb{C}\} \oplus \{(x, 0, 0) : x \in \mathbb{C}\}.$$

上の定義では「ある j について 」としていたが，実は $j = \dim V$ でよい．

定理 3.11 一般化固有ベクトルと一般化固有空間 作用素 $T \in \mathcal{L}(V)$ の固有値を λ とするとき，λ に属する一般化固有ベクトル全体の集合は，$\mathrm{Ker}((T - \lambda I)^{\dim V})$ と一致する．これより，$\mathrm{Ker}((T - \lambda I)^{\dim V})$ のこと

を固有値 λ に属する一般化固有空間と言う.

実は上の定理は，以下の核の一般的性質から直ちに導かれる.

定理 3.12 核の性質 作用素 $T \in \mathcal{L}(V)$ について以下が成り立つ.

$$\{\boldsymbol{o}\} = \mathrm{Ker}(T^0) \subset \mathrm{Ker}(T) \subset \mathrm{Ker}(T^2) \subset \cdots \tag{3.7}$$

また，$\mathrm{Ker}(T^m) = \mathrm{Ker}(T^{m+1})$ となる非負の整数 m があれば，

$$\mathrm{Ker}(T^m) = \mathrm{Ker}(T^{m+1}) = \mathrm{Ker}(T^{m+2}) = \cdots \tag{3.8}$$

が成り立つ．さらに，実は $m = \dim V$ に対して上式が成り立つ.

証明 ある k について $T^k\boldsymbol{v} = \boldsymbol{o}$ ならば，$T^{k+1}\boldsymbol{v} = T(T^k\boldsymbol{v}) = T\boldsymbol{o} = \boldsymbol{o}$ だから，関係 (3.7) は明らか.

ある m で $\mathrm{Ker}(T^m) = \mathrm{Ker}(T^{m+1})$ とすると，$\boldsymbol{v} \in \mathrm{Ker}(T^{m+2})$ なる $\boldsymbol{v}$ に対し，$\boldsymbol{o} = T^{m+2}\boldsymbol{v} = T^{m+1}(T\boldsymbol{v})$ だから，$T\boldsymbol{v} \in \mathrm{Ker}(T^{m+1}) = \mathrm{Ker}(T^m)$．つまり，$T^m(T\boldsymbol{v}) = T^{m+1}\boldsymbol{v} = \boldsymbol{o}$ であり，ゆえに $\boldsymbol{v} \in \mathrm{Ker}(T^{m+1})$．したがって，$\mathrm{Ker}(T^{m+2}) \subset \mathrm{Ker}(T^{m+1})$ であるが，この逆の包含関係 (3.7) は既に示したから，$\mathrm{Ker}(T^{m+2}) = \mathrm{Ker}(T^{m+1})$．以降の等号も同様.

最後に $m = \dim V$ で (3.8) が成立することを，$\mathrm{Ker}(T^m) \neq \mathrm{Ker}(T^{m+1})$ を仮定して背理法で示す．このとき，(3.8) 式より，関係 (3.7) の $\mathrm{Ker}(T^m)$ までの包含関係はどの集合も等しくない (なぜなら，どこかで等しければその後ずっと等しくなり，仮定に反する)．よって，各包含関係で 1 次元以上増加するから，$\dim \mathrm{Ker}(T^{m+1}) \geq \dim V + 1$ となるが，これは有限次元線形空間 V の部分空間の次元が $\dim V$ 以下であること (定理 1.17) に矛盾. □

この定理より，前の定理 3.11 は明らか．なぜなら，$n = \dim V$ について $\boldsymbol{v} \in \mathrm{Ker}((T - \lambda I)^n)$ ならば，$\boldsymbol{v}$ は定義より一般化固有ベクトルだし，もし逆に $\boldsymbol{v}$ が一般化固有ベクトルならば，ある j で $\boldsymbol{v} \in \mathrm{Ker}((T - \lambda I)^j)$ だが，上の定理より $\boldsymbol{v} \in \mathrm{Ker}((T - \lambda I)^n)$.

上の定理の証明と同様に示せるので，以下の演習問題を挙げておく．この事実は，固有値と対角成分の重複度に関する次項の定理 3.13 の証明で用いる.

演習問題 3.1 像の性質

n 次元線形空間 V 上の作用素 T について，$\mathrm{Im}(T^n) = \mathrm{Im}(T^{n+1}) = \mathrm{Im}(T^{n+2}) = \cdots$ であることを証明せよ．

3.2.3 固有値の重複

作用素 $T \in \mathcal{L}(V)$ が上三角行列で書けるならば，その対角成分が固有値なのだったが (定理 3.3)，固有値が V の次元分あるとは限らない．よって，固有値に「重複」した値があることになる．以下を固有値の重複度の定義とする．

定義 3.4 固有値の重複度 n 次元線形空間 V 上の作用素 T の固有値 λ の重複度を，$\dim(\mathrm{Ker}(T - \lambda I)^n)$ で定義する．

上のように固有値の重複度を定義する理由は，以下の定理 3.13 でわかるが，まず以下の例で様子を見ておこう．

例 3.6 例 3.5 で見た $\mathbb{C}^3$ 上の作用素 $T(x, y, z) = (x, z, 0)$ の固有値は 0 と 1 だった．$(T - 0I)^3(x, y, z) = (x, 0, 0)$ なので，$\dim(\mathrm{Ker}(T - 0I)^3) = \dim(\{(0, y, z) : y, z \in \mathbb{C}\}) = 2$ となって，固有値 0 の重複度は 2．また，$(T - 1I)^3(x, y, z) = (0, 3z - y, -z)$ だから，$\dim(\mathrm{Ker}(T - 1I)^3) = \dim(\{(x, 0, 0) : x \in \mathbb{C}\}) = 1$ より，固有値 1 の重複度は 1 である．

そして，T を基底 $((1, 0, 0), (0, 1, 0), (0, 0, 1))$ で行列に書けば，

$$\mathcal{M}(T) = \begin{bmatrix} 1 & 0 & 0 \\ 0 & 0 & 1 \\ 0 & 0 & 0 \end{bmatrix}$$

だが，これは上三角行列で，確かに対角成分は $1, 0, 0$．

それでは，重複度の意味を定理の形で述べ，証明を与える．この証明はかなり難しく，本書では二番目に長い (一番長いのは実線形空間の場合の定理 3.20 の証明)．とは言え，1 ページ半程度である．本質的なアイデアは，定理 3.10 の証明と同じく，作用素の定義域の制限 (定義 0.5) による次元の帰納法である．

定理 3.13　固有値と対角成分の重複　n 次元線形空間 V 上の作用素 T が，ある基底のもとで上三角行列に書けるならば，各対角成分 $\lambda \in F$ は丁度 $\dim(\mathrm{Ker}(T-\lambda I)^n)$ ずつ現れる．

証明　$\lambda = 0$ について示せれば，他の λ については作用素 $T - \lambda I$ を考えれば同様に得られるので，$\lambda = 0$ と仮定してよい．次元の帰納法で証明しよう．まず，$n = 1$ のときは明らかに正しい．以下，n 未満の次元で定理の主張が正しいと仮定して，n 次元でも正しいことを示す．

基底 $(\boldsymbol{v}_1, \ldots, \boldsymbol{v}_n)$ のもと T が上三角行列 $\mathcal{M}(T)$ に書けるとして，その対角成分を左上から $\lambda_1, \ldots, \lambda_n$ と書く．$U = \mathrm{span}\{\boldsymbol{v}_1, \ldots, \boldsymbol{v}_{n-1}\}$ とすると，U は T 不変なので，T の U への制限として作用素 $T|_U \in \mathcal{L}(U)$ が定義できる．

$T|_U$ は U の基底 $(\boldsymbol{v}_1, \ldots, \boldsymbol{v}_{n-1})$ のもとで，対角成分 $\lambda_1, \ldots, \lambda_{n-1}$ を持つ上三角行列だから帰納法の仮定より，この対角成分のうち 0 が丁度 $\dim(\mathrm{Ker}(T|_U^{n-1}))$ 個ある．さらに定理 3.12 より，これは $\dim(\mathrm{Ker}(T|_U^n))$ 個に等しい．

固有値 0 の重複の数を考えるのだから，以下では残りの n 番目の対角成分 λ_n が $\lambda_n \neq 0$ の場合 (重複が増えない) と，$\lambda_n = 0$ の場合 (重複が 1 つ増える) に分けて，n 次元でも正しいことを証明する．

$\lambda_n \neq 0$ の場合．この場合には $\mathrm{Ker}(T^n) \subset U$ を示せば十分．なぜならこのとき，$\mathrm{Ker}(T^n) = \mathrm{Ker}(T|_U^n)$ だから，対角成分に 0 が $\dim(\mathrm{Ker}(T|_U^n)) = \dim(\mathrm{Ker}(T^n))$ 個だけあることになる．

準備として T^n による $\boldsymbol{v}_n$ の像を調べておく．$\mathcal{M}(T)$ の形から，作用素 $T^n \in \mathcal{L}(V)$ を同じ基底で書いた行列 $\mathcal{M}(T^n)$ は，やはり上三角行列でその対角成分は左上から $\lambda_1^n, \ldots, \lambda_n^n$．ゆえに $T^n \boldsymbol{v}_n$ は，ある $\boldsymbol{u} \in U$ を用いて $T^n \boldsymbol{v}_n = \boldsymbol{u} + \lambda_n^n \boldsymbol{v}_n$ と書ける．

さて，任意の $\boldsymbol{v} \in V$ は $\boldsymbol{u}' \in U$ とスカラー $k \in F$ で $\boldsymbol{v} = \boldsymbol{u}' + k\boldsymbol{v}_n$ と書けるから，$T^n \boldsymbol{v} = \boldsymbol{o}$ ならば，

$$\boldsymbol{o} = T^n \boldsymbol{v} = T^n(\boldsymbol{u}' + k\boldsymbol{v}_n) = T^n \boldsymbol{u}' + kT^n \boldsymbol{v}_n = T^n \boldsymbol{u}' + k\boldsymbol{u} + k\lambda_n^n \boldsymbol{v}_n.$$

ここで，$T^n \boldsymbol{u}', k\boldsymbol{u} \in U$ かつ $\boldsymbol{v}_n \notin U$ だから $k\lambda_n^n = 0$ であり，$\lambda_n \neq 0$ の仮定より，$k = 0$．したがって，$\boldsymbol{v} = \boldsymbol{u}' \in U$．これで任意の $\boldsymbol{v} \in V$ について

$T^n\boldsymbol{v} = \boldsymbol{o}$ ならば $\boldsymbol{v} \in U$ が言えたので，$\mathrm{Ker}(T^n) \subset U$. 以上より，$\lambda_n \neq \boldsymbol{o}$ のときには，n 次元でも正しいことが示された.

$\underline{\lambda_n = 0 \text{ の場合.}}$ 今度は 0 の重複の数が 1 つ増えるから，$\dim(\mathrm{Ker}(T^n)) = \dim(\mathrm{Ker}(T|_U^n)) + 1$ を示す．そのためには，$\mathrm{Ker}(T^n)$ が U に含まれない元を含むことを示せば十分．なぜなら，もしこのような元があれば，

$$n = \dim V \geq \dim(U + \mathrm{Ker}(T^n)) > \dim U = n - 1$$

だから $\dim(U + \mathrm{Ker}(T^n)) = n$ であり，定理 1.18 より，

$$\begin{aligned}\dim(\mathrm{Ker}(T^n)) &= \dim(U \cap \mathrm{Ker}(T^n)) + \dim(U + \mathrm{Ker}(T^n)) - \dim U \\ &= \dim(\mathrm{Ker}(T|_U^n)) + \dim(U + \mathrm{Ker}(T^n)) - (n-1) \\ &= \dim(\mathrm{Ker}(T|_U^n)) + 1.\end{aligned}$$

任意の $\boldsymbol{u} \in U$ について $\boldsymbol{v} = \boldsymbol{u} - \boldsymbol{v}_n \notin U$ だから，もし $\boldsymbol{v} \in \mathrm{Ker}(T^n)$ となるように $\boldsymbol{u} \in U$ が選べれば，この $\boldsymbol{v}$ こそ U に含まれない $\mathrm{Ker}(T^n)$ の元である．$\lambda_n = 0$ の仮定より $T\boldsymbol{v}_n \in U$ だから，U 上の一般の作用素 S について，$\mathrm{Im}(S^{n-1}) = \mathrm{Im}(S^{(n-1)+1})$ であることに注意すれば (演習問題 3.1)，

$$T^n\boldsymbol{v}_n = T^{n-1}(T\boldsymbol{v}_n) \in \mathrm{Im}(T|_U^{n-1}) = \mathrm{Im}(T|_U^n).$$

ゆえに，$T^n\boldsymbol{u} = T^n\boldsymbol{v}_n$ となる $\boldsymbol{u} \in U$ が存在し，$T^n(\boldsymbol{u} - \boldsymbol{v}_n) = \boldsymbol{o}$ だから，$\boldsymbol{v} = \boldsymbol{u} - \boldsymbol{v}_n \in \mathrm{Ker}(T^n)$ かつ $\boldsymbol{v} \notin U$. これで帰納法が完結した. □

複素線形空間上の作用素は上三角行列に書けるのだったから (定理 3.10)，上の定理とあわせれば，直ちに以下の定理が得られる (注意 3.4 も参照).

定理 3.14 有限次元の複素線形空間 V 上の作用素について，固有値の重複度をこめた個数は V の次元に等しい.

3.2.4 一般化固有ベクトルによる作用素の分解

作用素 T を T 不変な部分空間への分解によって調べることが我々の大方針だったが，いよいよ本項では一般化固有ベクトルを用いて，複素線形空間上の任意の作用素についてこのような分解を示す (定理 3.15).

これは，第 3.1.4 項で調べた，T が対角行列に書ける場合の分解の一般化であり，複素線形空間上の作用素についての最終解答ということになる.

定理 3.15　複素線形空間上の作用素の分解　有限次元の複素線形空間 V 上の作用素 T について，その互いに異なる固有値を $\lambda_1, \dots, \lambda_m$，それぞれに属する一般化固有空間 (定理 3.11) を順に $U_1, \dots, U_m$ とすると，各 U_j は T 不変で，$V = U_1 \oplus \cdots \oplus U_m$ と直和分解できる．

証明　一般に多項式 $p(z)$ について $\mathrm{Ker}(p(T))$ は T 不変である．実際，$\boldsymbol{v} \in \mathrm{Ker}(p(T))$ ならば，$p(T)\boldsymbol{v} = \boldsymbol{o}$ だから，$p(T)(T\boldsymbol{v}) = T(p(T)\boldsymbol{v}) = T\boldsymbol{o} = \boldsymbol{o}$ より，$T\boldsymbol{v} \in \mathrm{Ker}(p(T))$．ゆえに，特に $p(z) = (z - \lambda_j)^{\dim V}$ とすれば，$U_j = \mathrm{Ker}(T - \lambda_j I)^{\dim V}$ は T 不変．

固有値の重複度の定義と，定理 3.14 より，

$$\dim V = \dim U_1 + \cdots + \dim U_m \tag{3.9}$$

は明らか．$U = U_1 + \cdots + U_m$ とおくと，U は T 不変だから，$T|_U \in \mathcal{L}(U)$．この $T|_U$ は T と同じ一般化固有ベクトルを U 内に持つから，T と同じ重複度の同じ固有値を持つ．

よって，再び定理 3.14 より，$\dim U = \dim U_1 + \cdots + \dim U_m$．ゆえに $\dim U = \dim V$ だが，$U \subset V$ より $U = V$．したがって，$V = U_1 + \cdots + U_m$．しかし，上の次元の関係 (3.9) より，この和は直和 (定理 1.20)．　□

注意 3.5　一般化固有空間と冪零作用素　上定理より，各 U_j 上の作用素 $N_j = (T - \lambda_j I)|_{U_j}$ が考えられる．一般化固有ベクトルの定義とその性質 (定理 3.11) より，固有値 λ_j の重複度 d_j について $N_j^{d_j} = O$ である．

一般に，ある作用素 S がある自然数 n について $S^n = O$ となるとき，S は冪零作用素であると言う．一般化固有空間がこの意味で冪零作用素と結びついていることは重要である．

複素線形空間上の作用素は，基底をなすに十分な固有ベクトルを持つとは限らないが，上定理より，各 U_j 内にその基底 (つまり一般化固有ベクトル) をとることによって，V の基底にすることができる．つまり，以下の定理が得られる．

定理 3.16 T を有限次元の複素線形空間 V 上の作用素とするとき，T の一般化固有ベクトルによる V の基底が存在する．

これで，複素線形空間上の作用素については目標を達成したわけであるが，より進んだ話題としては，作用素を上三角行列よりも (対角行列ほどではないが) 単純な行列で書こうとする試みがある．

この際，鍵になるのは上の注意 3.5 で述べた各 U_j 上での冪零作用素と一般化固有ベクトルの関係である．実際，冪零行列の一般的性質を用いて，各 U_j 上の作用素 $T|_{U_j}$ を以下のような A_j に書く基底が存在することが示せる．

$$A_j = \begin{bmatrix} \lambda_j & 1 & 0 & \cdots & 0 \\ 0 & \lambda_j & 1 & \ddots & 0 \\ 0 & 0 & \ddots & \ddots & \vdots \\ \vdots & \vdots & \ddots & \ddots & 1 \\ 0 & 0 & \cdots & 0 & \lambda_j \end{bmatrix}.$$

つまり，対角成分は同じ固有値 λ_j が並び，その上に 1 が並んで，その他の成分は 0 であるような上三角行列である．この各 A_j をジョルダン細胞，ジョルダン・ブロック，などと呼ぶ．

結果として V 全体の作用素 T は，ジョルダン細胞を対角線に並べた形の行列表示を持つ．これをジョルダン標準形，またはジョルダン分解などと言う．

本書ではこれらを証明しないし，関連する話題についても省くが，以上の内容を理解した上では，標準的な教科書で難なく取り組めるものと期待する．

3.3 実線形空間上の作用素の分解

本節では，実線形空間上の作用素について，前節の定理 3.15 のような T 不変な部分空間への「分解」を考える．実線形空間上の作用素は一般には固有値を持たないので，当然，(一般化) 固有ベクトルを基底にするという方針が破綻するため，工夫が必要になる．

3.3.1 実線形空間での固有値

第 3.2.1 項で，(有限次元) 複素線形空間上の作用素は必ず固有値を持つこと

を示したが (定理 3.9), 既に例 3.2(2 次元の回転) で見たように実線形空間では固有値が 1 つもないことがある．つまり，1 次元の不変空間が存在しない場合がある．しかし実は，1 次元か 2 次元の不変空間ならば常に存在する．

定理 3.17　有限次元の実線形空間 V 上の作用素 T は，1 次元または 2 次元の T 不変空間を持つ．

以下の証明が，複素線形空間のとき (定理 3.9) の証明と同じアイデアであることに注意されたい (注意 3.3 も参照)．

証明　$n = \dim V > 0$ とおく．$\boldsymbol{o}$ ではない任意の $\boldsymbol{v} \in V$ に対し，$(n+1)$ 個のベクトルの組 $(\boldsymbol{v}, T\boldsymbol{v}, T^2\boldsymbol{v}, \ldots, T^n\boldsymbol{v})$ は，次元より個数が多いので従属．よって，非自明な $a_0, \ldots, a_n \in \mathbb{R}$ で

$$\boldsymbol{o} = a_0\boldsymbol{v} + a_1T\boldsymbol{v} + \cdots + a_nT^n\boldsymbol{v}$$

と書ける．一方，代数学の基本定理の系 (定理 0.3) より，

$$\begin{aligned} &a_0 + a_1x + \cdots + a_nx^n \\ &= c(x-\lambda_1)\cdots(x-\lambda_m)(x^2+\alpha_1x+\beta_1)\cdots(x^2+\alpha_lx+\beta_l) \end{aligned}$$

が任意の $x \in \mathbb{R}$ で成立．ここで，係数 $c \neq 0, \lambda_1, \ldots, \lambda_m, (\alpha_1, \beta_1), \ldots, (\alpha_l, \beta_l)$ はすべて実数 (しかも各 j について $\alpha_j^2 - 4\beta_j < 0$)．これより，

$$\begin{aligned} \boldsymbol{o} &= a_0\boldsymbol{v} + a_1T\boldsymbol{v} + \cdots + a_nT^n\boldsymbol{v} = (a_0I + a_1T + \cdots + a_nT^n)\boldsymbol{v} \\ &= c(T-\lambda_1I)\cdots(T-\lambda_mI)(T^2+\alpha_1T+\beta_1I)\cdots(T^2+\alpha_lT+\beta_lI)\boldsymbol{v}. \end{aligned}$$

ゆえに，$(T-\lambda_jI)$ のどれかか，$(T^2+\alpha_jT+\beta_jI)$ のどれかのうち，少なくとも 1 つは単射でない．$(T-\lambda_jI)$ のどれかが単射でないなら T は固有値を持ち，その固有値に属する 1 次元の T 不変空間を持つ．

また，$(T^2+\alpha_jT+\beta_jI)$ のどれかが単射でないならば，ある $\boldsymbol{u} \neq \boldsymbol{o}$ について，$T^2\boldsymbol{u} + \alpha_jT\boldsymbol{u} + \beta_j\boldsymbol{u} = \boldsymbol{o}$ である．この $\boldsymbol{u}$ に対して $U = \mathrm{span}\{\boldsymbol{u}, T\boldsymbol{u}\}$ とおくと，任意の $a, b \in \mathbb{R}$ について，

$$T(a\boldsymbol{u} + bT\boldsymbol{u}) = aT\boldsymbol{u} + bT^2\boldsymbol{u} = aT\boldsymbol{u} - b\alpha_jT\boldsymbol{u} - b\beta_j\boldsymbol{u} \in U$$

だから，U は T 不変で，1 次元か 2 次元．　□

3.3.2 ブロック上三角行列

複素線形空間上の作用素はある基底で上三角行列に書けるのだったが (定理 3.10)，実線形空間上では固有値を持たないことがある以上，このような期待はできない．そこで，上三角行列の一般化として以下のタイプの行列を導入する．

定義 3.5 ブロック上三角行列 以下のように，正方行列 $A_1, \ldots, A_m$ が左上から対角線に沿って並び，これらの下にある成分はすべて 0 である行列をブロック上三角行列と言う ($A_1, \ldots, A_m$ の上にある成分は何でもよい)．また，この各 A_j をブロックと言う．

$$\begin{bmatrix} A_1 & & & * \\ & A_2 & & \\ & & \ddots & \\ 0 & & & A_m \end{bmatrix}.$$

スカラーも $(1, 1)$ 行列と見るので，上三角行列はブロック上三角行列の特別な場合であることに注意せよ．

次の定理が，複素線形空間上の作用素の定理 3.10 の，実線形空間版である．その主張は，実線形空間では固有値は持たないかもしれないが，(2, 2) 行列のブロックまでこめれば，複素数の場合と同様の主張が成立するということである．

この定理が成立する鍵となる事実は定理 3.17，つまり，実線形空間の作用素でも 2 次元以下の T 不変な部分空間なら存在することである．

定理 3.18 実線形空間上の作用素とブロック上三角行列 有限次元の実線形空間 V 上の作用素 T はある基底のもと，$(1, 1)$ 行列か固有値を持たない $(2, 2)$ 行列をブロックとするブロック上三角行列に書ける．

証明 次元に関する帰納法で示す．まず，1 次元のときは自明に正しく，2 次元の場合に正しいことは 0.1 節で確認済み．つまり，固有値があって上三角行列に書けるか，固有値を持たない．以下，$\dim V > 2$ かつ $\dim V$ 未満の次元では定理の主張が正しいと仮定して，V について成立を示せばよい．

定理 3.17 より，T 不変な 1 次元か 2 次元の線形部分空間が存在するから，それを U とする．2 次元の場合には，T の U への制限 $T|_U \in \mathcal{L}(U)$ に対応する $(2,2)$ 行列が固有値を持たないことに注意せよ．なぜなら，もし固有値を持てば U はさらに 1 次元に分解される．

定理 1.13 より $V = U \oplus W$ と直和に書く線形部分空間 W が存在する．しかし，この W は T 不変とは限らないので，$T|_W$ には帰納法の仮定が使えない．そこで以下のように W 上の作用素 T' を T から作る．

直和分解により各 $\boldsymbol{v} \in V$ は $\boldsymbol{u} \in U, \boldsymbol{w} \in W$ を用いて $\boldsymbol{v} = \boldsymbol{u} + \boldsymbol{w}$ と一意的に書けるから，$\Pi_U \boldsymbol{v} = \boldsymbol{u}, \Pi_W \boldsymbol{v} = \boldsymbol{w}$ によって Π_U, Π_W が定義できる．これらが線形写像であることはすぐ確認できる．

これらを用いると，任意の $\boldsymbol{v} \in V$ に対し，

$$T\boldsymbol{v} = \Pi_U T\boldsymbol{v} + \Pi_W T\boldsymbol{v} \tag{3.10}$$

と書けて，特に $\boldsymbol{w} \in W$ に対し $T\boldsymbol{w}$ を考えれば，$T' = \Pi_W(T|_W) \in \mathcal{L}(W)$ である．$\dim W < \dim V$ だから，T' に帰納法の仮定が使えて，T' は定理の主張のようなブロック上三角行列に書ける．

$V = U \oplus W$ と上式 (3.10) より，このような W の基底と U の基底をあわせて V の基底とすれば，T は定理の主張のような行列に書けている．□

3.3.3　実線形空間上の作用素の分解

実線形空間上の任意の作用素がある基底のもとで，$(1,1)$ もしくは $(2,2)$ 行列を並べたブロック上三角行列に書ける，ということがわかったが，複素線形空間で一般化固有ベクトルを用いて調べたような分解 (定理 3.22) を得たい．

実線形空間では $(2,2)$ 行列がブロックに現れるので，まず 2 次元以下の実線形空間上の作用素の固有多項式を定義し，作用素との関係を見ておく．

定理 3.19　1 次元と 2 次元の (実) 固有多項式　1 次元の実線形空間上の作用素を，ある基底のもとで $(1,1)$ 行列 (つまりスカラー) で表した $\begin{bmatrix} \lambda \end{bmatrix}$ に対し，$p(x) = x - \lambda$ と定め，また，2 次元の実線形空間上の作用素を，ある基底のもとで $(2,2)$ 行列で表した $\begin{bmatrix} a & b \\ c & d \end{bmatrix}$ に対し，$p(x) = (x-a)(x-d) - bc$ と定めると，これらの多項式 $p(x)$ は基底の選び方によらない．よって，こ

の $p(x)$ を 1 次元，2 次元の実線形空間上の作用素の固有多項式と言う．

証明 1 次元の場合は，どのように基底を選んでも「λ 倍する」という作用素だから，もちろん多項式 $x-\lambda$ は基底によらない．

2 次元の場合は，対応する $(2,2)$ 行列 A の行列式を用いて，

$$(x-a)(x-d)-bc=\det\begin{bmatrix}a-x & b\\ c & d-x\end{bmatrix}=\det(A-xI)$$

と書けることに注意せよ．基底変換の公式 (定理 2.12) を用いて，行列が $P^{-1}AP$ と変換されたとしても，演習問題 0.6 の関係より，

$$\begin{aligned}&\det(P^{-1}AP-xI)\\ &=\det(P^{-1}(A-xI)P)=\det(P^{-1})\det(A-xI)\det P\\ &=(\det P)^{-1}\det(A-xI)\det P=\det(A-xI).\end{aligned}$$

□

したがって，第 0.1 節で導入した $(2,2)$ 行列の固有多項式は，作用素の固有多項式と同じである．ここで，以下の定理の主張が理解しやすいように，固有値を持たない $(2,2)$ 行列について整理しておく．

第 0.1 節で見たように，$(2,2)$ 実行列が固有値を持たないのは，固有多項式 $p(x)=x^2+\alpha x+\beta$ に対して $\alpha^2-4\beta<0$ のときだった．また，固有値を持たないのだから，対応する作用素を $T\in\mathcal{L}(V)$ と書くと任意の実数 λ について $\mathrm{Ker}(T-\lambda I)=\{\boldsymbol{o}\}$ である．

また，関係 $T^2+\alpha T+\beta I=O$ が成立するから (2 次元のケイリー-ハミルトンの定理 (演習問題 0.9))，$\mathrm{Ker}(T^2+\alpha T+\beta I)=V$．しかも，$p(x)=x^2+\alpha x+\beta$ 以外の 2 次多項式 $q(x)$ については $q(T)\neq O$ は可逆，つまり $\mathrm{Ker}(q(T))=\{\boldsymbol{o}\}$ である．

なぜなら，$q(x)=x^2+\alpha' x+\beta'$ と書くと，$q(T)=q(T)-p(T)=(\alpha'-\alpha)T+(\beta'-\beta)I$ となって，もし $\alpha'\neq\alpha$ ならば，

$$q(T)=(\alpha'-\alpha)\left(T-\frac{\beta'-\beta}{\alpha'-\alpha}I\right)$$

と書けるが，T は固有値を持たないのだから可逆．また，$\alpha'=\alpha$ ならば，$\beta'\neq\beta$ について $q(T)=(\beta'-\beta)I$ となって可逆．

以上の観察から，以下の主張は定理 3.13 の「実数版」として自然だろう．

定理 3.20　n 次元の実線形空間 V 上の作用素 T をある基底のもとで，$(1,1)$ 行列（つまりスカラー）か固有値を持たない $(2,2)$ 行列をブロックとして，ブロック上三角行列で書いたときの各ブロックを $A_1,\cdots,A_m$ とする．

この A_j のうち，要素 $\lambda\in\mathbb{R}$ の $(1,1)$ 行列が $\dim\operatorname{Ker}((T-\lambda I)^n)$ 個，また，$\alpha^2-4\beta<0$ である $\alpha,\beta\in\mathbb{R}$ を係数とする固有多項式 $x^2+\alpha x+\beta$ を持つ $(2,2)$ 行列が $\frac{1}{2}\dim\operatorname{Ker}((T^2+\alpha T+\beta I)^n)$ 個，現れる．

この証明が本書で一番長いが（2 ページ弱），$(2,2)$ ブロックの扱いの分だけ複雑になるものの，内容は定理 3.13 の証明とまったくパラレルである．

証明　ブロック上三角行列のブロックの個数 m に関する帰納法で証明する．まず，$m=1$ のときは，V の次元が $n=1$ または 2 であるから，定理の主張の前に注意したように正しい．以下，$m>1$ のとき $m-1$ 個で主張が正しいと仮定して，m 個でも正しいことを示す．

T をブロック上三角行列に書く基底のベクトルのうち，各ブロック A_j に対応するもので張られた線形部分空間を U_j と書くことにする．

$U=U_1+\cdots+U_{m-1}$ と書くと（U_m を除いたことに注意），U は T 不変だから T の制限 $T|_U\in\mathcal{L}(U)$ が定義でき，U_m の分を除いた基底のもとで，$A_1,\ldots,A_{m-1}$ をブロックに持つブロック上三角行列に書ける．よって，帰納法の仮定より，$T|_U$ について主張は正しい．

以下，$V=U\oplus U_m$ と直和分解して，m の場合を調べる．まず準備として，この分解を利用した以下の関係を用意する．ブロック A_m に対応する作用素を $T_m\in\mathcal{L}(U_m)$ と書くとき，各 $\boldsymbol{u}_m\in U_m$ と多項式 $Q(x)$ に対して，ある $\boldsymbol{u}^*\in U$ が存在して，

$$Q(T)\boldsymbol{u}_m=\boldsymbol{u}^*+Q(T_m)\boldsymbol{u}_m, \tag{3.11}$$

と書ける．この性質はブロック上三角行列の表現による $T_m\boldsymbol{u}_m=\Pi_{U_m}T(\boldsymbol{u}_m)$ の関係から自然だろう（Π_{U_m} は定理 3.18 の証明で導入した，直和分解で定義した線形写像）．この部分の証明は演習問題 3.2 に任せる．

では，m の場合に主張が成立することを示そう．記号の節約のため，以下では $p(x)$ を文脈に応じて $(x-\lambda)$ か $(x^2+\alpha x+\beta)$ のことだと解釈し，$p(x)$ の次数 d も文脈に応じて 1 か 2 とする．以下，A_m の固有多項式が $p(x)$ に等

しくない場合と等しい場合に分けて調べる (これは複素線形空間の場合の定理 3.13 の証明で $\lambda = 0, \neq 0$ の場合分けをしたのと同じ事情である).

A_m の固有多項式が $p(x)$ に等しくない場合. この場合には, $\mathrm{Ker}(p(T)^n) \subset U$ を示せば十分. なぜなら, このとき $\mathrm{Ker}(p(T)^n) = \mathrm{Ker}(p(T|_U)^n)$ だから, 帰納法の仮定, つまり, $A_1, \ldots, A_{m-1}$ のうち丁度 $(1/d)\dim(\mathrm{Ker}(p(T|_U)^n))$ 個が固有多項式 p を持つことより, $A_1, \ldots, A_m$ の $(1/d)\dim(\mathrm{Ker}(p(T^n)))$ 個について同様の主張が正しい.

任意の $\boldsymbol{v} \in \mathrm{Ker}(p(T)^n)$ について, $\boldsymbol{v} = \boldsymbol{u} + \boldsymbol{u}_m$, $(\boldsymbol{u} \in U, \boldsymbol{u}_m \in U_m)$ と書くと, 上で用意した関係 (3.11) を多項式 $Q(x) = p(x)^n$ に用いて,

$$\boldsymbol{o} = p(T)^n\boldsymbol{v} = p(T)^n\boldsymbol{u} + p(T)^n\boldsymbol{u}_m = p(T)^n\boldsymbol{u} + \boldsymbol{u}^* + p(T_m)^n\boldsymbol{u}_m$$

となる $\boldsymbol{u}^* \in U$ が存在する. $p(T)^n\boldsymbol{u} \in U$ かつ $p(T_m)^n\boldsymbol{u}_m \in U_m$ だから, $p(T_m)^n\boldsymbol{u}_m = \boldsymbol{o}$.

しかし, $p(x)$ が固有多項式でないことより $p(T_m)$ は可逆なので, $\boldsymbol{u}_m = \boldsymbol{o}$. ゆえに $\boldsymbol{v} = \boldsymbol{u} \in U$ だから, $\mathrm{Ker}(p(T)^n) \subset U$.

A_m の固有多項式が $p(x)$ に等しい場合. このときは $\dim(\mathrm{Ker}(p(T)^n)) = \dim(\mathrm{Ker}(p(T|_U)^n)) + d$ が示したいことである. 2 つの線形部分空間に関する次元の関係 (定理 1.18) より,

$$\begin{aligned} &\dim(\mathrm{Ker}(p(T)^n)) \\ &= \dim(U \cap \mathrm{Ker}(p(T)^n)) + \dim(U + \mathrm{Ker}(p(T)^n)) - \dim U \\ &= \dim(\mathrm{Ker}(p(T|_U)^n)) + \dim(U + \mathrm{Ker}(p(T)^n)) - (n-d). \end{aligned}$$

だから, $\dim(U + \mathrm{Ker}(p(T)^n)) = n$ を示せばよい.

それには, $U + \mathrm{Ker}(p(T)^n) = V$ が示せれば十分. さらにそのためには, $K = \mathrm{Ker}(p(T)^n)$ と書くとき, $U_m \subset U + K$ を示せばよい. なぜなら, $V = U + U_m \subset U + K$ となって, 逆の包含関係は自明だから $V = U + K$.

任意の $\boldsymbol{u}_m \in U_m$ をとる. A_m の固有多項式が $p(x)$ なので, $p(T_m) = O$ であり, よって上で用意した関係 (3.11) より, $p(T)\boldsymbol{u}_m \in U$. これより,

$$p(T)^n\boldsymbol{u}_m = p(T)^{n-1}(p(T)\boldsymbol{u}_m) \in \mathrm{Im}(p(T|_U)^{n-1}) = \mathrm{Im}(p(T|_U)^n)$$

が成り立つ (最後の等号は「像の性質」(演習問題 3.1)).

よって, 特に $\boldsymbol{u} \in U$ を $p(T)^n\boldsymbol{u}_m = p(T|_U)^n\boldsymbol{u}$ となるように選べて,

$$p(T)^n(\boldsymbol{u}_m - \boldsymbol{u}) = p(T)^n\boldsymbol{u}_m - p(T)^n\boldsymbol{u} = p(T|_U)^n\boldsymbol{u} - p(T)^n\boldsymbol{u} = \boldsymbol{o}.$$

ゆえに，$\boldsymbol{u}_m - \boldsymbol{u} \in \mathrm{Ker}(p(T)^n) = K$ だから，$\boldsymbol{u}_m = \boldsymbol{u} + (\boldsymbol{u}_m - \boldsymbol{u}) \in U + K$ であり，すなわち $U_m \subset U + K$．これで帰納法が完成した．□

演習問題 3.2

上の証明の中で用いた関係，各 $\boldsymbol{u}_m \in U_m$ と多項式 $Q(x)$ に対して，ある $\boldsymbol{u}^* \in U$ が存在して，$Q(T)\boldsymbol{u}_m = \boldsymbol{u}^* + Q(T_m)\boldsymbol{u}_m$ と書けることを証明せよ (ヒント：$T\boldsymbol{u}_m = \Pi_U T\boldsymbol{u}_m + \Pi_{U_m} T\boldsymbol{u}_m = \boldsymbol{u}^* + T_m\boldsymbol{u}_m$ の両辺に T を繰り返し作用させればよい)．

目的の定理の前に，固有値とその重複度の対応物として，「固有対」[2)]とその重複度の定義を用意しておく．

定義 3.6　固有対とその重複度　n 次元の実線形空間 V 上の作用素 T に対し，実数の対 (α, β) で，$\alpha^2 - 4\beta < 0$ であり，$T^2 + \alpha T + \beta I$ が単射でないものを T の固有対と言う．また，$\frac{1}{2}\dim(\mathrm{Ker}(T^2 + \alpha T + \beta I)^n)$ を固有対 (α, β) の重複度と言う．

上の定義と定理 3.20 から以下が直ちに得られる．

定理 3.21　　n 次元の実線形空間 V 上の作用素 T の，重複度をこめた固有値の個数と重複度をこめた固有対の個数の 2 倍の和は次元 n に等しい．

いよいよ，実線形空間上の作用素について目標の分解を得る．これで我々は，複素線形空間の場合 (定理 3.15 と注意 3.5) をあわせて，固有値による作用素の探求のゴールに辿り着いたことになる．

定理 3.22　実線形空間上の作用素の分解　n 次元の実線形空間 V 上の作用素 T について，その互いに異なる固有値を $\lambda_1, \ldots, \lambda_m$，それぞれに属する一般化固有空間を順に $U_1, \ldots, U_m$ とし，さらに，$(\alpha_1, \beta_1), \ldots, (\alpha_l, \beta_l)$

2) 「固有対 (eigenpair)」の語はあまり一般的でないようだが，便利なので採用した．

を T の互いに異なる固有対として $V_j = \mathrm{Ker}((T^2 + \alpha_j T + \beta_j I)^n)$ とおくと，各 U_i, V_j は T 不変で，V はこれらによって，

$$V = U_1 \oplus \cdots \oplus U_m \oplus V_1 \oplus \cdots \oplus V_l$$

と直和分解できる (固有値がない場合，固有対がない場合も含む).

既にほとんどの準備は済んでいて，そのまとめに過ぎない．この事情は，複素線形空間の場合 (定理 3.15) と同様で，その証明もそっくり同じである．

証明 各 U_j, V_j が T 不変であることは，一般に多項式 $P(x)$ について $\mathrm{Ker}P(T)$ が T 不変であることより明らか (定理 3.15 証明冒頭を参照).

$\dim U_j$ の次元は固有値 λ_j の重複度，$\dim V_j$ の次元は固有対 (α_j, β_j) の重複度の 2 倍だから，定理 3.21 より，

$$\dim V = \dim U_1 + \cdots + \dim U_m + \dim V_1 + \cdots + \dim V_l. \tag{3.12}$$

ここで，$U = U_1 + \cdots + U_m + V_1 + \cdots + V_l$ とおくと，U は T 不変だから，$T|_U \in \mathcal{L}(U)$．この $T|_U$ は T と同じ固有値と固有対をそれぞれ同じ重複度で持つから，$\dim U$ は上式 (3.12) の右辺に等しく，つまり，$\dim U = \dim V$ である．しかし，$U \subset V$ だったから $U = V$ であり，つまり，

$$V = U_1 + \cdots + U_m + V_1 + \cdots + V_l$$

であるが，上式 (3.12) と定理 1.20 より，この和は直和で成り立つ． □

3.4 固有多項式と行列式

本節では，作用素の固有値，固有対とその重複度の情報を便利な形に凝縮したオブジェクトとして，固有多項式を定義する．さらに，その固有多項式を用いて，跡や行列式の概念も定義する．

3.4.1 固有多項式 (複素線形空間の場合)

複素/実の両方で同時に定義することもできるが，複素線形空間の場合が特にわかりやすいので，まず複素数のときから扱う．

複素線形空間 V 上の作用素の固有値と重複度の性質をふまえて，これらの情報をうまく記述するオブジェクトとして，以下の概念を用意する．

定義 3.7　固有多項式 (複素線形空間の場合)　n 次元複素線形空間 V 上の作用素 T の互いに異なる固有値を $\lambda_1, \ldots, \lambda_m$ とし，各重複度を順に $d_1, \ldots, d_m$ とするとき，以下の n 次多項式を T の固有多項式と言う．

$$\Phi_T(z) = \Phi(z) = (z - \lambda_1)^{d_1} \cdots (z - \lambda_m)^{d_m}. \tag{3.13}$$

第 3.2 節で調べたように，これは T を上三角行列に書いたとき，その対角成分それぞれを変数 z から引いたものの積，と言っても同じことである．

注意 3.6　固有多項式の定義と行列式　多くの教科書では固有多項式を行列 $(zI - \mathcal{M}(T))$ の行列式で定義する．この定義は明快だが，行列の行列式 (あとの注意 3.7) が先に定義されている必要がある．また，作用素や固有値との関係が見通し難い．一方，上の定義では，そもそも作用素の固有値で定義されているため関係が一目瞭然である．

固有多項式の重要な性質として以下が成り立つ (実は，この定理は実線形空間上の作用素についても正しい (のちの定理 3.24))．

定理 3.23　ケイリー–ハミルトンの定理 1　n 次元複素線形空間 V 上の作用素 T と，その固有多項式 $\Phi(z)$ に対し，$\Phi(T) = O$ が成り立つ．

証明　T を上三角行列に書くような V の基底 $(\boldsymbol{v}_1, \ldots, \boldsymbol{v}_n)$ をとって，

$$(T - \lambda_1 I) \cdots (T - \lambda_j I)\boldsymbol{v}_j = \boldsymbol{o} \tag{3.14}$$

が $j = 1, \ldots, n$ で成立することを示せば十分．j の帰納法で示そう．まず，$j = 1$ のときは $T\boldsymbol{v}_1 = \lambda_1 \boldsymbol{v}_1$ だから正しい．

ある $k \le n$ について $j = 1, \ldots, k-1$ で (3.14) が成立していると仮定する．上三角行列の表示より，$(T - \lambda_k I)\boldsymbol{v}_k \in \mathrm{span}\{\boldsymbol{v}_1, \ldots, \boldsymbol{v}_{k-1}\}$ だから，$(T - \lambda_1 I) \cdots (T - \lambda_{k-1} I)\{(T - \lambda_k I)\boldsymbol{v}_k\} = \boldsymbol{o}$．よって $j = k$ でも正しい．

□

3.4.2 固有多項式 (実線形空間の場合)

次は実線形空間の場合を扱う．実線形空間では固有値を持たないことがあるが，(2,2) 行列まででで分解できるので，以下のように固有多項式を定義する．この定義はある基底のもとで述べられているが，定理 3.20 より，基底に依存せず作用素の性質として決まることに注意されたい．

定義 3.8 固有多項式 (実線形空間の場合) n 次元の実線形空間 V 上の作用素 T をある基底のもとで，(1,1) 行列 (つまりスカラー) と固有値を持たない (2,2) 行列をブロックとするブロック上三角行列に書いたとき，その各ブロックを $A_1,\dots,A_m$ とする．さらに，各 A_j が (1,1) 行列 $\begin{bmatrix}\lambda\end{bmatrix}$ のときには $q_j(x)=x-\lambda$, (2,2) 行列 $\begin{bmatrix}a & b\\ c & d\end{bmatrix}$ のときには，$q_j(x)=(x-a)(x-d)-bc$ と定める．このとき，これらの多項式の積で定義した以下の n 次多項式を T の固有多項式と言う．

$$\Phi_T(x)=\Phi(x)=q_1(x)\cdots q_m(x).$$

固有多項式は複素線形空間上の場合のときと同様，重複度をこめた固有値と固有対の情報をうまく記述するオブジェクトである．この定義が，複素線形空間のときの定義 3.7 を含んでいることにも注意されたい．

実線形空間でもケイリー-ハミルトンの定理 (定理 3.23) が，同じ形で成り立つ．

定理 3.24 ケイリー-ハミルトンの定理 2 有限次元の実線形空間 V 上の作用素 T とその固有多項式 $\Phi(z)$ に対し $\Phi(T)=O$ が成り立つ．

証明 T を上の定義 3.8 のようにブロック上三角行列に書き，各 A_j に対応する各部分空間を U_j として，各 $q_j(x)$ を定める．このとき，各 $j=1,\dots,m$ について $q_1(T)\cdots q_j(T)|_{U_j}=O$ が示せれば，各 j について $\Phi(T)|_{U_j}=O$ だから十分．

j の帰納法で示す．$j=1$ の場合は，$\dim U_1=1$ なら明らか．$\dim U_1=2$ なら 2 次元のケイリー-ハミルトンの定理 (演習問題 0.9) なので，主張は成立している．以下では $j = k-1$ 以下で成立していると仮定して，k のときを示す．

任意の $\boldsymbol{u}_k \in U_k$ について，T のブロック上三角行列の表示から，ある $\boldsymbol{u}^* \in U_1 + \cdots + U_{k-1}$ が存在して，固有多項式 $q_k(x)$ を持つ $T_k \in \mathcal{L}(U_k)$ で $q_k(T)\boldsymbol{u}_k = \boldsymbol{u}^* + q_k(T_k)\boldsymbol{u}_k$ と書ける (演習問題 3.2).

この表示と $q_k(T_k) = O$ から，$q_k(T)\boldsymbol{u}_k \in U_1 + \cdots + U_{k-1}$ だから，帰納法の仮定が使えて，$q_1(T) \cdots q_{k-1}(T)(q_k(T)\boldsymbol{u}_k) = \boldsymbol{o}$. よって，$k$ のときにも正しい．□

3.4.3　跡と行列式

前々項 3.4.1 と前項 3.4.2 で定義した固有多項式をそれぞれの場合に，あらわに展開してみよう．まず，n 次元の複素線形空間 V 上の作用素 T について，固有値を重複を繰り返して $\lambda_1, \ldots, \lambda_n$ と書くと，

$$\begin{aligned}\Phi_T(z) &= (z-\lambda_1)\cdots(z-\lambda_n)\\ &= z^n - (\lambda_1 + \cdots + \lambda_n)z^{n-1} + \cdots + (-1)^n \lambda_1 \cdots \lambda_n.\end{aligned}$$

また同様に，n 次元の実線形空間での場合は (変数を $x \in \mathbb{R}$ と書く)，固有値も固有対も重複を繰り返して $\lambda_1, \ldots, \lambda_m$，$(\alpha_1, \beta_1), \ldots, (\alpha_l, \beta_l)$ と書くと ($m + 2l = n$ に注意．固有値または固有対がない場合も含む)，

$$\begin{aligned}\Phi_T(x) &= (x-\lambda_1)\cdots(x-\lambda_m)(x^2+\alpha_1 x+\beta_1)\cdots(x^2+\alpha_l x+\beta_l)\\ &= x^n - (\lambda_1 + \cdots + \lambda_m - \alpha_1 - \cdots - \alpha_l)x^{n-1}\\ &\quad + \cdots + (-1)^m \lambda_1 \cdots \lambda_m \beta_1 \cdots \beta_l\end{aligned}$$

となる．ここで，固有対に対応している部分は (2, 2) 行列のブロックだったから，$(-1)^m = (-1)^n$ であることに注意せよ．

固有多項式は作用素の固有値，固有対の完全な情報を持っているが，特に重要なのは $(n-1)$ 次の係数である「跡」と，定数項である「行列式」である．

定義 3.9　跡と行列式　n 次元線形空間上の作用素 T に対して，その固有多項式の $(n-1)$ 次項の係数を (-1) 倍したものを，T の跡と呼び，$\mathrm{tr}(T)$ (または単に $\mathrm{tr}\,T$) と書く．また，固有多項式の定数項を $(-1)^n$ 倍したものを，T の行列式と呼び，$\det(T)$(または単に $\det T$) と書く．

注意 3.7 行列の跡と行列式 跡と行列式は，作用素に対してではなく，正方行列 $A = (a_{ij})_{1 \leq i,j \leq n}$ に対してそれぞれ，

$$\mathrm{tr}A = \sum_{j=1}^{n} a_{jj}, \quad \det A = \sum_{\sigma \in \mathfrak{S}_n} \mathrm{sgn}(\sigma) a_{\sigma(1)1} a_{\sigma(2)2} \cdots a_{\sigma(n)n} \tag{3.15}$$

と定義する流儀が多い．ここに σ は n 文字の置換 (4.4.1 項)，$\mathfrak{S}_n$ はその全体で，総和記号は n 文字のすべての置換にわたっての和．次項で見るように，この行列に対する定義と，上の定義 3.9 は一致する．

上の行列に対する定義には，直接に成分で表示されているという大きな利点がある．しかし，これらが作用素の本質的な性質を表す量であることはまったく自明でない．一方，上の定義 3.9 では，作用素の性質との対応を調べることは容易で，行列表現に依存しないことは明らかでもある．

3.4.4 跡と行列式の簡単な性質

上の作用素に対する跡と行列式の定義から簡単にわかる性質を整理しておく．

定理 3.25 行列表現の跡 n 次元の線形空間 V 上の作用素 T の跡は，その行列表現 $\mathcal{M}(T)$ の対角成分の和に等しい．

証明 まず，正方行列 $A = (a_{ij})_{1 \leq i,j \leq n}$ に対して，$t(A)$ を対角成分の和，つまり $t(A) = a_{11} + \cdots + a_{nn}$ と書くと，2 つの正方行列 A と $B = (b_{ij})_{1 \leq i,j \leq n}$ に関して，

$$t(AB) = t\left(\left(\sum_{j=1}^{n} a_{ij} b_{jk}\right)_{1 \leq i,k \leq n}\right) = \sum_{k=1}^{n} \sum_{j=1}^{n} a_{kj} b_{jk}$$

だから，$t(AB) = t(BA)$ であることに注意する．

これより，作用素 T のある基底のもとでの行列表現 $\mathcal{M}(T)$ を別の基底での行列表現に基底変換しても，基底変換の公式 (定理 2.12) より，

$$t(P^{-1}\mathcal{M}(T)P) = t(\mathcal{M}(T)PP^{-1}) = t(\mathcal{M}(T))$$

だから，$t(\mathcal{M}(T))$ は基底のとり方に依存しない．

特に T の行列表現として，ブロック上三角行列をとれば，$\mathrm{tr}(T) = t(\mathcal{M}(T))$

より，跡はその対角成分の和に等しい． □

これから以下が得られる．

定理 3.26 定理 3.25 の系 有限次元線形空間上の作用素 S, T に対し，

$$\mathrm{tr}(ST) = \mathrm{tr}(TS), \quad \mathrm{tr}(S+T) = \mathrm{tr}(S) + \mathrm{tr}(T).$$

次は行列式について見よう．以下の定理は我々の定義からはほとんど明らかであるが，もし行列に対する定義 (3.15) から出発するとかなり難しい．

定理 3.27 行列式と作用素の可逆性 作用素 $T \in \mathcal{L}(V)$ が可逆であることと $\det(T) \neq 0$ は同値．

証明 作用素が可逆であることと単射が同値であることから (定理 2.7)，$T\boldsymbol{v} = \boldsymbol{o}$ となる $\boldsymbol{v} \neq \boldsymbol{o}$ に注目すれば，T が可逆であることと 0 が固有値でないことは同値．V が複素線形空間ならば，0 が固有値でないことは $\det(T) \neq 0$ と同値だから，定理の主張は明らか．

V が実線形空間のときは，重複を繰り返して書いて，固有値を $\lambda_1, \ldots, \lambda_m$，固有対を $(\alpha_1, \beta_1), \ldots, (\alpha_l, \beta_l)$ とするとき，$\det(T) = \lambda_1 \cdots \lambda_m \beta_1 \cdots \beta_l$ と書けるが，$\alpha_j^2 - 4\beta_j < 0$ より $\beta_j > 0$ だから，0 になりうるのは固有値の部分だけ．よって，やはり $\det(T) \neq 0$ と同値． □

作用素の跡と行列の跡の定義が一致したように (定理 3.25)，作用素の行列式と行列の行列式についても一致する，つまり，作用素 T の行列式がその行列表現 $\mathcal{M}(T)$ に対して (3.15) 式で与えられる．

この証明方法も跡と同様である．つまり，行列に関する定義式 (3.15) から，

$$\det(AB) = \det(A)\det(B) \quad (\text{ゆえに } \det(AB) = \det(BA))$$

が成立することを示し，これより，作用素の行列表現の行列式は基底のとり方に依存しないことを導く．そして，あとは具体的にブロック上三角行列に対して行列の行列式を計算すれば，定義の一致が示せる．

第 4 章

テンソル

本章では，テンソルの理論への入門を行う．線形写像の表現が行列であったように，多重線形写像の表現がテンソルである．

4.1 多重線形性

4.1.1 多重線形性，双線形性の定義

統計学や機械学習の応用の場で，「テンソルとは多次元配列なのか？」という質問を受けることがある．その答はイエスでもありノーでもある．なぜなら，この質問は「行列は 2 次元配列なのか？」という質問と同じだからである．

確かにテンソルは多次元配列の形で表現できるが，それに対して要請される性質までこめたものがテンソルであり，その性質が以下の多重線形性である．

定義 4.1 多重線形性，双線形性 F 上の線形空間 $V_1, \ldots, V_m$ と W に対し，直積 $V_1 \times \cdots \times V_m$ から W への写像 f，つまり，対応

$$V_1 \times \cdots \times V_m \ni (\boldsymbol{v}_1, \ldots, \boldsymbol{v}_m) \mapsto f(\boldsymbol{v}_1, \ldots, \boldsymbol{v}_m) \in W$$

が各変数 $\boldsymbol{v}_j$ $(j = 1, \ldots, m)$ について線形であるとき，f は多重線形性を持つ，あるいは多重線形写像であると言う．

特に，2 つの線形空間 U, V の直積 $U \times V$ から線形空間 W への多重線形写像のことは，双線形写像である，または双線形性を持つ，と言う．

以下では，主に双線形写像によってテンソルやテンソル積の概念を説明するが，本質的には多重線形写像についても同様である．

「各変数について線形性が成り立つ」ということを，双線形性の場合にあらわに書いておくと，U, V, W を F 上の線形空間として，写像 $f : U \times V \to W$ が，任意の $\boldsymbol{u}, \boldsymbol{u}' \in U$ と $\boldsymbol{v}, \boldsymbol{v}' \in V$ と任意の $a, b \in F$ に対し，

$$f(a\boldsymbol{u}+b\boldsymbol{u}',\boldsymbol{v}) = af(\boldsymbol{u},\boldsymbol{v})+bf(\boldsymbol{u}',\boldsymbol{v}),$$
$$f(\boldsymbol{u},a\boldsymbol{v}+b\boldsymbol{v}') = af(\boldsymbol{u},\boldsymbol{v})+bf(\boldsymbol{u},\boldsymbol{v}')$$

の関係を満たす，ということである．これは線形性の自然な多変数化なので，多重線形写像も豊富な内容と応用を持つことが想像されるだろう．

線形空間 V から W への線形写像の全体を表す記号 $\mathcal{L}(V;W)$ を流用して，$U\times V$ から W への双線形写像の全体も $\mathcal{L}(U,V;W)$ と書くことにする．実際，$\mathcal{L}(U,V;W)$ は双線形写像の自然なスカラー倍と和について線形空間であることが確認できる．この記号について，以下の注意は間違いやすくもあり，本質的に重要でもある．

注意 4.1　双線形性と線形性　線形空間 U,V の直積 $U\times V$ は単なる集合だが，任意の $\boldsymbol{u},\boldsymbol{u}'\in U$, $\boldsymbol{v},\boldsymbol{v}'\in V$ と $a\in F$ に対し，

$$(\boldsymbol{u},\boldsymbol{v})+(\boldsymbol{u}',\boldsymbol{v}')=(\boldsymbol{u}+\boldsymbol{u}',\boldsymbol{v}+\boldsymbol{v}'),\quad a(\boldsymbol{u},\boldsymbol{v})=(a\boldsymbol{u},a\boldsymbol{v})$$

と定めることで線形空間になる．

しかし，$U\times V$ から W への線形写像は，組 $(\boldsymbol{u},\boldsymbol{v})$ を変数として線形なのであって，各 $\boldsymbol{u},\boldsymbol{v}$ について線形 (双線形) なのでは**ない**．つまり，

$$\mathcal{L}(U,V;W)\not\simeq\mathcal{L}(U\times V;W)$$

である (同型でない)．対して，次節で導入するテンソル積 $U\otimes V$ では，

$$\mathcal{L}(U,V;W)\simeq\mathcal{L}(U\otimes V;W)$$

が成り立つ．この関係がテンソル積の本質である (のちの定理 4.3 と注意 4.4)．

4.1.2　多重線形性，双線形性の例

線形写像と同様に，多重線形写像，双線形写像も数学の理論，応用の両面で様々なところに現れる．以下では，第 2.1.1 項の線形写像のときのように他分野からの例は挙げないが，線形代数の中から例を挙げておく．

例 4.1　行列の積，行列とベクトルの積，ベクトルの内積　(n,m) 行列全体が行列の和とスカラー倍に関して nm 次元の線形空間をなすことに注意

する．(n,m) 行列 X と (m,l) 行列 Y に対し $f(X,Y)=XY$ と定めると，f は nm 次元線形空間と ml 次元線形空間の直積から，nl 次元線形空間への写像として，双線形性を持つ．

同様に，n 次元のベクトル $\boldsymbol{v}$ に (n,m) 行列 A を作用させる写像 $f(A,\boldsymbol{v})=A\boldsymbol{v}$ も，上の行列の積の特別な場合として，双線形性を持つ．

さらに特別な場合として，(1, n) 行列 (横ベクトル) $\boldsymbol{u}$ と $(n,1)$ 行列 (縦ベクトル) $\boldsymbol{v}$ の積 $f(\boldsymbol{u},\boldsymbol{v})=\boldsymbol{u}\boldsymbol{v}$ も双線形性を持つが，これは「実内積」(第 5.2.1 項) $\langle\boldsymbol{u},\boldsymbol{v}\rangle$ が双線形性を持つことに他ならない．

例 4.2　行列式　(n,n) 行列 $A=(a_{ij})_{1\leq i,j\leq n}$ をベクトル $\boldsymbol{a}_1,\ldots,\boldsymbol{a}_n$ が横に並んだものと思えば ($\boldsymbol{a}_j=(a_{ij})_{1\leq i\leq n}$)，(3.15) 式で定義された (行列の) 行列式 $f(\boldsymbol{a}_1,\ldots,\boldsymbol{a}_n)=\det A$ が，n 次元線形空間 n 個の直積から F への写像として多重線形性を持つことが，定義式から確認できる．

以上の例のように，線形代数の中の色々な操作そのものが，複数の線形空間の上で定義された多重線形写像と考えられる．

4.2 テンソル積

4.2.1 ベクトルのテンソル積，線形空間のテンソル積

本項では，ベクトルの間のテンソル積 $\otimes$ と線形空間の間のテンソル積 (同じ記号 $\otimes$ を使う) を具体的に定義する．

まず，このような概念を導入する動機を見ておこう．U の基底を $(\boldsymbol{u}_1,\ldots,\boldsymbol{u}_m)$，$V$ の基底を $(\boldsymbol{v}_1,\ldots,\boldsymbol{v}_n)$ として，$\boldsymbol{u}=u_1\boldsymbol{u}_1+\cdots+u_m\boldsymbol{u}_m$, $\boldsymbol{v}=v_1\boldsymbol{v}_1+\cdots+v_n\boldsymbol{v}_n$ と書くと，U,V 上の双線形写像 f の値 $f(\boldsymbol{u},\boldsymbol{v})$ は，

$$
\begin{aligned}
f(\boldsymbol{u},\boldsymbol{v}) &= f(u_1\boldsymbol{u}_1+\cdots+u_m\boldsymbol{u}_m,\ v_1\boldsymbol{v}_1+\cdots+v_n\boldsymbol{v}_n)\\
&= \sum_{i=1}^{m} u_i f(\boldsymbol{u}_i,\ v_1\boldsymbol{v}_1+\cdots+v_n\boldsymbol{v}_n) = \sum_{i=1}^{m}\sum_{j=1}^{n} u_i v_j f(\boldsymbol{u}_i,\boldsymbol{v}_j)
\end{aligned}
$$

と書けるから，線形写像のときと同様，双線形写像は基底の対 $(\boldsymbol{u}_i,\boldsymbol{v}_j)$, $(i=1,\ldots,m; j=1,\ldots,n)$ がどこに写されるかで完全に決まってしまう．

しかも上式の形から，$(\boldsymbol{u}_i,\boldsymbol{v}_j)$ たちをある線形空間の基底だとみなせば，双

線形写像を線形性の言葉で調べられそうである．この対による基底をうまく定義するために，以下のようにテンソル積を導入するのである．

定義 4.2 ベクトルのテンソル積 m 次元線形空間 U のベクトル $\boldsymbol{u}$ と n 次元線形空間 V のベクトル $\boldsymbol{v}$ を，それぞれの基底のもとで

$$\boldsymbol{u} = u_1\boldsymbol{u}_1 + \cdots + u_m\boldsymbol{u}_m, \quad \boldsymbol{v} = v_1\boldsymbol{v}_1 + \cdots + v_n\boldsymbol{v}_n$$

と書くとき，それらのテンソル積 $\boldsymbol{u} \otimes \boldsymbol{v}$ を以下で定義する．

$$\boldsymbol{u} \otimes \boldsymbol{v} = \sum_{i=1}^{m}\sum_{j=1}^{n} u_i v_j \, \boldsymbol{u}_i \otimes \boldsymbol{v}_j,$$

ここに $\{\boldsymbol{u}_i \otimes \boldsymbol{v}_j\}_{1\leq i\leq m,\, 1\leq j\leq n}$ は，ある mn 次元線形空間の基底である．

テンソル積はベクトル間の演算であるが，これまでと違って，異なる線形空間のベクトルの間の演算であり，しかも，その演算の結果はさらに異なる線形空間のベクトルになる．

そのため上の定義は，演算の結果の含まれる空間が事前に指定されていない点が奇妙に思われるかもしれない．しかし，有限次元の線形空間はその次元だけで決まり，同じ次元を持つ線形空間は同型だったから (定理 2.6)，テンソル積の結果は (普遍的な)mn 次元線形空間の元として定義されている．また，記号の集合 $\{\boldsymbol{u}_i \otimes \boldsymbol{v}_j\}_{1\leq i\leq m,\, 1\leq j\leq n}$ の形式的な線形結合で生成される線形空間の元であると思ってもよい (例 1.6, 例 1.21 参照)．よって，テンソル積の像は線形空間であるから，以下のように名前をつけておく．

定義 4.3 線形空間のテンソル積 F 上の m 次元線形空間 U の各ベクトル $\boldsymbol{u}$ と n 次元線形空間 V の各ベクトル $\boldsymbol{v}$ のテンソル積 $\boldsymbol{u} \otimes \boldsymbol{v}$ 全体からなる mn 次元線形空間を，U と V のテンソル積と言い，(ベクトルのテンソル積と同じ記号を用いて) $U \otimes V$ と書く．

テンソル積の記号と概念に慣れるために，簡単な例を見ておこう．

U, V をそれぞれ 2 次元，3 次元の実線形空間とし，基底をそれぞれ $(\boldsymbol{u}_1, \boldsymbol{u}_2)$, $(\boldsymbol{v}_1, \boldsymbol{v}_2, \boldsymbol{v}_3)$ とする．このとき，

$$\boldsymbol{u} = 1\boldsymbol{u}_1 + 2\boldsymbol{u}_2, \quad \boldsymbol{v} = 3\boldsymbol{v}_1 + 4\boldsymbol{v}_2 + 5\boldsymbol{v}_3$$

のテンソル積は,

$$\begin{aligned}
\boldsymbol{u} \otimes \boldsymbol{v} &= (1\boldsymbol{u}_1 + 2\boldsymbol{u}_2) \otimes (3\boldsymbol{v}_1 + 4\boldsymbol{v}_2 + 5\boldsymbol{v}_3) \\
&= (1 \cdot 3)\, \boldsymbol{u}_1 \otimes \boldsymbol{v}_1 + (1 \cdot 4)\, \boldsymbol{u}_1 \otimes \boldsymbol{v}_2 + (1 \cdot 5)\, \boldsymbol{u}_1 \otimes \boldsymbol{v}_3 \\
&\quad + (2 \cdot 3)\, \boldsymbol{u}_2 \otimes \boldsymbol{v}_1 + (2 \cdot 4)\, \boldsymbol{u}_2 \otimes \boldsymbol{v}_2 + (2 \cdot 5)\, \boldsymbol{u}_2 \otimes \boldsymbol{v}_3 \\
&= 3\, \boldsymbol{u}_1 \otimes \boldsymbol{v}_1 + 4\, \boldsymbol{u}_1 \otimes \boldsymbol{v}_2 + 5\, \boldsymbol{u}_1 \otimes \boldsymbol{v}_3 \\
&\quad + 6\, \boldsymbol{u}_2 \otimes \boldsymbol{v}_1 + 8\, \boldsymbol{u}_2 \otimes \boldsymbol{v}_2 + 10\, \boldsymbol{u}_2 \otimes \boldsymbol{v}_3
\end{aligned}$$

となる．これを以下のように見直してみる．

まず，$(\boldsymbol{u}_i \otimes \boldsymbol{v}_j)$ という基底は i と j の 2 つの添え字を持つから，2 次元に並べて書くと，つまり行列の形に書くと見やすいだろう．さらに，上式の計算は，$\boldsymbol{u}$ を $(2,1)$ 行列，$\boldsymbol{v}$ を $(1,3)$ 行列と見たときの，行列の積の計算になっている．つまり，行列の成分で表示すると，

$$\begin{bmatrix} 1 \\ 2 \end{bmatrix} \begin{bmatrix} 3 & 4 & 5 \end{bmatrix} = \begin{bmatrix} 1 \cdot 3 & 1 \cdot 4 & 1 \cdot 5 \\ 2 \cdot 3 & 2 \cdot 4 & 2 \cdot 5 \end{bmatrix} = \begin{bmatrix} 3 & 4 & 5 \\ 6 & 8 & 10 \end{bmatrix}$$

となっているわけである．

また，この $\boldsymbol{v}$ に対応している $(1,3)$ 行列は，V から $\mathbb{R}$ への線形写像 (線形汎関数) とも考えられるから，このテンソル積は U と $\mathcal{L}(V;\mathbb{R})$ との演算とも思える．また，$\mathcal{L}(V;\mathbb{R})$ は V の双対空間 V^* でもある (第 2.1.4 項)．またテンソル積の結果は (2, 3) 行列とも思えるし，それに対応する線形写像 ($\mathcal{L}(V;U)$ の元，または $\mathcal{L}(V^*;U)$ の元) とも思える．

注意 4.2　テンソルと同型　ベクトルのテンソル積自体は単純な概念だが，上の例で見たように，テンソル積は抽象的な構造だけでも色々な見方ができる．このことから，テンソルに関係する様々な線形空間の間に，興味深い同型関係が成り立つ．また，この同型により「自然なものが本質的にこれしかない」という普遍性も重要である．しかし本書では，このような抽象論は注意にとどめ，具体的な理解に集中する．

4.2.2 テンソル積の性質

ベクトルのテンソル積について以下が成り立つことは簡単に確認できるが，テンソル積と双線形性 (多重線形性) を結びつける重要な性質である．

定理 4.1 ベクトルのテンソル積の双線形性 ベクトルの間のテンソル積は双線形性を持つ．すなわち，F 上の有限次元ベクトル空間 U, V の任意の元 $\boldsymbol{u}, \boldsymbol{u}' \in U$, $\boldsymbol{v}, \boldsymbol{v}' \in V$ と任意の $a, b \in F$ に対し，以下が成り立つ．

$$(a\boldsymbol{u} + b\boldsymbol{u}') \otimes \boldsymbol{v} = a\,\boldsymbol{u} \otimes \boldsymbol{v} + b\,\boldsymbol{u}' \otimes \boldsymbol{v},$$
$$\boldsymbol{u} \otimes (a\boldsymbol{v} + b\boldsymbol{v}') = a\,\boldsymbol{u} \otimes \boldsymbol{v} + b\,\boldsymbol{u} \otimes \boldsymbol{v}'.$$

証明 U, V に各基底 $(\boldsymbol{u}_1, \ldots, \boldsymbol{u}_m)$, $(\boldsymbol{v}_1, \ldots, \boldsymbol{v}_n)$ をとって，$\boldsymbol{u} = \sum_i u_i \boldsymbol{u}_i$, $\boldsymbol{u}' = \sum_i u'_i \boldsymbol{u}_i$, $\boldsymbol{v} = \sum_j v_j \boldsymbol{v}_j$ などと書き，定義 4.2 に従って確認すればよい．

$$\begin{aligned}
(a\boldsymbol{u} + b\boldsymbol{u}') \otimes \boldsymbol{v} &= \left(a \sum_i u_i \boldsymbol{u}_i + b \sum_i u'_i \boldsymbol{u}_i\right) \otimes \left(\sum_j v_j \boldsymbol{v}_j\right) \\
&= \left(\sum_i (a u_i + b u'_i) \boldsymbol{u}_i\right) \otimes \left(\sum_j v_j \boldsymbol{v}_j\right) \\
&= \sum_i \sum_j (a u_i + b u'_i) v_j\, \boldsymbol{u}_i \otimes \boldsymbol{v}_j \\
&= a \sum_i \sum_j u_i v_j\, \boldsymbol{u}_i \otimes \boldsymbol{v}_j + b \sum_i \sum_j u'_i v_j\, \boldsymbol{u}_i \otimes \boldsymbol{v}_j \\
&= a\,\boldsymbol{u} \otimes \boldsymbol{v} + b\,\boldsymbol{u}' \otimes \boldsymbol{v}.
\end{aligned}$$

第 2 式についても同様． □

3 つ以上の線形空間のテンソル積については，以下の結合律が本質的である．

定理 4.2 線形空間のテンソル積の結合律，交換律 F 上の有限次元の線形空間 U, V, W に対し，任意の $\boldsymbol{u} \in U$, $\boldsymbol{v} \in V$, $\boldsymbol{w} \in W$ について，$(\boldsymbol{u} \otimes \boldsymbol{v}) \otimes \boldsymbol{w} \mapsto \boldsymbol{u} \otimes (\boldsymbol{v} \otimes \boldsymbol{w})$ であるような可逆な線形写像 $(U \otimes V) \otimes W \to U \otimes (V \otimes W)$ がただ 1 つ存在する．よって，

$$(U \otimes V) \otimes W \simeq U \otimes (V \otimes W)$$

である．また，対応 $\boldsymbol{u} \otimes \boldsymbol{v} \mapsto \boldsymbol{v} \otimes \boldsymbol{u}$ によって同様に，

$$U \otimes V \simeq V \otimes U.$$

証明 U, V, W の基底を $(\boldsymbol{u}_1, \ldots, \boldsymbol{u}_m)$, $(\boldsymbol{v}_1, \ldots, \boldsymbol{v}_n)$, $(\boldsymbol{w}_1, \ldots, \boldsymbol{w}_l)$ とすると，$(U \otimes V) \otimes W$ の基底は $(\boldsymbol{u}_i \otimes \boldsymbol{v}_j) \otimes \boldsymbol{w}_k$ たちであり，$U \otimes (V \otimes W)$ の基底は $\boldsymbol{u}_i \otimes (\boldsymbol{v}_j \otimes \boldsymbol{w}_k)$ たちである．線形写像は基底がどこに写されるかで完全に決まるのだったから (定理 2.10)，各 i, j, k についての対応 $(\boldsymbol{u}_i \otimes \boldsymbol{v}_j) \otimes \boldsymbol{w}_k \mapsto \boldsymbol{u}_i \otimes (\boldsymbol{v}_j \otimes \boldsymbol{w}_k)$ によって $(U \otimes V) \otimes W$ から $U \otimes (V \otimes W)$ への線形写像がただ 1 つ定まる．しかも，この線形写像は基底を基底に写すのだから全単射であり，すなわち可逆である (定理 2.5)．$U \otimes V \simeq V \otimes U$ についても同様． □

上の定理より，3 つ以上のテンソル積では積の順序を示す括弧を省略してよい．つまり，同じ F 上の線形空間 $V_1, \ldots, V_m$ に対してテンソル積 $V_1 \otimes \cdots \otimes V_m$ を考えることができる．

注意 4.3 テンソル積の非可換性 上の定理のように，線形空間 U, V について $U \otimes V \simeq V \otimes U$ ではあるが，各ベクトルのテンソル積について交換律が成り立つわけではないことに注意せよ．

例えば，$U = V$ の場合でも，$\boldsymbol{v}, \boldsymbol{v}' \in V$ に対し，一般には $\boldsymbol{v} \otimes \boldsymbol{v}' \neq \boldsymbol{v}' \otimes \boldsymbol{v}$ である．実際，V の基底を $(\boldsymbol{v}_1, \ldots, \boldsymbol{v}_n)$ として，$\boldsymbol{v} = v_1 \boldsymbol{v}_1 + \cdots + v_n \boldsymbol{v}_n$，$\boldsymbol{v}' = v'_1 \boldsymbol{v}_1 + \cdots + v'_n \boldsymbol{v}_n$ と書くと，

$$\boldsymbol{v} \otimes \boldsymbol{v}' = \sum_i \sum_j v_i v'_j \boldsymbol{v}_i \otimes \boldsymbol{v}_j \neq \sum_i \sum_j v'_i v_j \boldsymbol{v}_i \otimes \boldsymbol{v}_j = \boldsymbol{v}' \otimes \boldsymbol{v}$$

だから，(各 i, j について $v_i v'_j = v'_i v_j$ でない限り) 両辺は等しくない．

一方，結合律については，同じ空間 $U \otimes V \otimes W$ を固定して考えている通常の場合，$(\boldsymbol{u} \otimes \boldsymbol{v}) \otimes \boldsymbol{w} = \boldsymbol{u} \otimes (\boldsymbol{v} \otimes \boldsymbol{w})$ である．

4.2.3 双線形性とテンソル積

前節で双線形写像 (多重線形写像) とテンソル積を導入し，またテンソル積が双線形性を持つことを示したが (定理 4.1)，大事なことは，この逆に以下の意味で双線形写像がテンソル積で書ける，ということである．

定理 4.3 双線形写像とテンソル積 F 上の有限次元線形空間 U, V, W について，$U \times V$ から W への双線形写像 f は，U, V のテンソル積 $U \otimes V$

から W への線形写像として一意に書ける．つまり，$f(\boldsymbol{u},\boldsymbol{v})=F(\boldsymbol{u}\otimes\boldsymbol{v})$ であるような $F\in\mathcal{L}(U\otimes V;W)$ がただ 1 つ存在する．

証明　線形写像はその基底の像で一意に決まるのだったから (定理 2.10)，U,V の基底 $(\boldsymbol{u}_1,\ldots,\boldsymbol{u}_m)$, $(\boldsymbol{v}_1,\ldots,\boldsymbol{v}_n)$ に対して，特に $\boldsymbol{u}=\boldsymbol{u}_i$, $\boldsymbol{v}=\boldsymbol{v}_j$ とおけば，

$$F(\boldsymbol{u}_i\otimes\boldsymbol{v}_j)=f(\boldsymbol{u}_i,\boldsymbol{v}_j),\quad (i=1,\ldots,m;\ j=1,\ldots,n)$$

によって，$F\in\mathcal{L}(U\otimes V;W)$ が一意に定まる．

今，任意の $\boldsymbol{u}\in U$, $\boldsymbol{v}\in V$ を基底を用いて，$\boldsymbol{u}=u_1\boldsymbol{u}_1+\cdots+u_m\boldsymbol{u}_m$, $\boldsymbol{v}=v_1\boldsymbol{v}_1+\cdots+v_n\boldsymbol{v}_n$ と書くと，f の双線形性とテンソル積の双線形性 (定理 4.1) と，上で定まった F の線形性より，

$$\begin{aligned}
f(\boldsymbol{u},\boldsymbol{v}) &= f(u_1\boldsymbol{u}_1+\cdots+u_m\boldsymbol{u}_m,\ v_1\boldsymbol{v}_1+\cdots+v_n\boldsymbol{v}_n)\\
&= \sum_{i=1}^{m}\sum_{j=1}^{n}u_iv_jf(\boldsymbol{u}_i,\boldsymbol{v}_j)=\sum_{i=1}^{m}\sum_{j=1}^{n}u_iv_jF(\boldsymbol{u}_i\otimes\boldsymbol{v}_j)\\
&= F\left(\sum_{i=1}^{m}\sum_{j=1}^{n}u_iv_j\boldsymbol{u}_i\otimes\boldsymbol{v}_j\right)=F\left(\sum_{i=1}^{m}u_i\boldsymbol{u}_i\otimes\sum_{j=1}^{n}v_j\boldsymbol{v}_j\right)\\
&= F(\boldsymbol{u}\otimes\boldsymbol{v}).
\end{aligned}$$

□

注意 4.4　双線形性の線形化　上の定理の逆に，任意の $F\in\mathcal{L}(U\otimes V;W)$ に対して，$f(\boldsymbol{u},\boldsymbol{v})=F(\boldsymbol{u}\otimes\boldsymbol{v})$ で $f:U\times V\to W$ を定めれば，f が双線形写像であること，つまり $f\in\mathcal{L}(U,V;W)$ であることはベクトルのテンソル積の双線形性 (定理 4.1) から直ちに従う．

以上より，対応 $f\in\mathcal{L}(U,V;W)$ と $F\in\mathcal{L}(U\otimes V;W)$ の対応は 1 対 1 で，各空間を線形空間と見たとき可逆な線形写像である．すなわち，

$$\mathcal{L}(U,V;W)\simeq\mathcal{L}(U\otimes V;W)\tag{4.1}$$

であることが示せる．つまり，テンソル積は双線形写像を線形化する空間である，という見方ができる．

この逆に，テンソルの抽象的な理論では，U,V に対して (4.1) 式を満たす線形空間としてテンソル積 $U\otimes V$ を定義し，その普遍性，つまり自然

な意味で一意であることを証明する，という方向で議論を組み立てることが多い (注意 4.2 も参照).

4.3 テンソル空間

ここまでは一般の線形空間のテンソル積を考えてきたが，本節では特に重要なテンソル積としてテンソル空間を導入する．テンソル空間の元がテンソルである．また，テンソルが基底の変換に対してどのようにふるまうかを調べる．この基底に対する変換法則がテンソルの本質である．

4.3.1 テンソル空間とテンソル

線形空間のテンソル積は結合律を満たすから (定理 4.2)，一般に 2 つ以上の線形空間 $V_1, \ldots, V_m$ のテンソル積 $V_1 \otimes \cdots \otimes V_m$ を作ることができる．

しかし，特に重要なテンソル積は，ある線形空間 V とその双対空間 V^* (定義 2.6) だけによって作られるテンソル積である．同型 $V \otimes V^* \simeq V^* \otimes V$ によって (同じく定理 4.2) 適当に順序を変えることで，以下のようにテンソル空間を定義する．テンソル空間は数学とその応用の様々な分野に現れる．

定義 4.4　テンソル空間とテンソル　有限次元線形空間 V とその双対空間 V^* に対し，

$$T^p_q = T^p_q(V) = V \otimes \cdots \otimes V \otimes V^* \otimes \cdots \otimes V^*$$

のように定義される線形空間 T^p_q をテンソル空間と言う．ここに添え字 p は右辺の V の個数，q は V^* の個数である．q または p が 0 のとき，つまり V だけ，もしくは V^* だけの場合は，簡単に T^p や T_q と書く．

また，$T^p_q(V)$ の元を (p, q) テンソル，または単にテンソルと言う．

つまり，もとの空間 V の複数のベクトルと，V のベクトルに働く複数の線形汎関数の組からなるテンソル積の空間である．この V と V^* の区別が重要なので，それぞれ以下のように「反変性」,「共変性」という名前がついている．この名前の意味はのちに基底変換の作用について調べたときに明らかになる．

定義 4.5　反変性と共変性　F 上の有限次元線形空間 V のテンソル空間 T^p_q について，$q=0$ のとき (つまり V だけのテンソル積のとき)，p 階の反変テンソル空間と言い，$p=0$ のとき (つまり V^* だけのテンソル積のとき)，q 階の共変テンソル空間と言う．さらに，$p,q \neq 0$ のときは，p 階反変 q 階共変テンソル空間と言う．

また，T^p_q の元であるテンソルも，$q=0$ のとき p 階の反変テンソル，$p=0$ のとき q 階の共変テンソル，$p,q \neq 0$ のときは p 階反変 q 階共変テンソルと言う．

さらに，特に T^1 の元 (つまり単に V の元) のことを反変ベクトル，T_1 の元 (つまり単に V^* の元) のことを共変ベクトルとも言う．

次項で変換法則を調べるために，テンソル空間の基底がどうなっているか見ておこう．V の基底を $(\boldsymbol{v}_1, \ldots, \boldsymbol{v}_m)$ とする．また，V の双対空間 V^* の双対基底 (定理 2.9) を $(l^1, \ldots, l^m)$ とする．

注意 4.5　テンソルと添え字の上下関係　双対空間 V^* の基底について l^i のように「上ツキ」の添え字を用いたのは，もとの空間 V の基底は「下ツキ」として，作用するものとされるものを区別するためである．また，この関係のため，テンソルの計算では上下に同じ添え字が現れると，その添え字で総和をとることが多い．この上下の添え字の区別は，特に微分幾何学や物理学への応用において便利であり，本質的でもある．

V と V^* のこれらの基底に対し，$V \otimes \cdots \otimes V \otimes V^* \otimes \cdots \otimes V^*$ の基底は，$\boldsymbol{v}_{i_1} \otimes \cdots \otimes \boldsymbol{v}_{i_p} \otimes l^{j_1} \otimes \cdots \otimes l^{j_q}$ からなり，ここで各添え字 $i_1, \ldots, i_p; j_1, \ldots, j_q$ は，それぞれ 1 から m までにわたる．

つまり，任意の元 $\boldsymbol{\xi} \in T^p_q$ はこの基底を用いて一意に，

$$\boldsymbol{\xi} = \sum_{i_1=1}^{m} \cdots \sum_{i_p=1}^{m} \sum_{j_1=1}^{m} \cdots \sum_{j_q=1}^{m} \xi^{i_1,\ldots,i_p}_{j_1,\ldots,j_q} \boldsymbol{v}_{i_1} \otimes \cdots \otimes \boldsymbol{v}_{i_p} \otimes l^{j_1} \otimes \cdots \otimes l^{j_q} \tag{4.2}$$

と書ける [1)]．上では，テンソル空間 T^p_q の元 $\boldsymbol{\xi} \in T^p_q$ のことをテンソルと定義

1) ξ の添え字の上下関係が基底の上下関係と逆転していることに注意．上の注意 4.5 参照．

したが，この成分表示 $(\xi^{i_1,\ldots,i_p}_{j_1,\ldots,j_q})$ のことを「テンソル」と言う場合もある．

4.3.2 テンソルの変換法則

本項では，前項で見たテンソルの成分表示が，V の基底を変換することによって，どのように変化するかを調べる．

今，V の基底 $(\boldsymbol{v}_1,\ldots,\boldsymbol{v}_m)$，$V$ の双対空間 V^* の双対基底 $(l^1,\ldots,l^m)$ のもとで，テンソル $\boldsymbol{\xi}\in T^p_q$ が上式 (4.2) のように書けているとしよう．

このとき，V の基底 $(\boldsymbol{v}_1,\ldots,\boldsymbol{v}_m)$ を可逆な作用素 $A=(a^j_i)$ によって[2]，

$$\hat{\boldsymbol{v}}_i=\sum_{j=1}^m a^j_i\boldsymbol{v}_j \tag{4.3}$$

と新しい基底 $(\hat{\boldsymbol{v}}_1,\ldots,\hat{\boldsymbol{v}}_m)$ に変換する．まず，この基底変換によって双対基底がどのように変わるか見る．

新たな双対基底 $(\hat{l}^1,\ldots,\hat{l}^m)$ は，新しい基底 $\hat{\boldsymbol{v}}_i$ に対し，$\hat{l}^j(\hat{\boldsymbol{v}}_i)=\delta_{ij}$ となる線形写像 $\hat{l}^j$ の組であるが，l^j は $\hat{\boldsymbol{v}}_i$ を

$$l^j(\hat{\boldsymbol{v}}_i)=l^j\left(\sum_{k=1}^m a^k_i\boldsymbol{v}_k\right)=\sum_{k=1}^m a^k_i l^j(\boldsymbol{v}_k)=\sum_{k=1}^m a^k_i\delta_{jk}=a^j_i$$

と写すから，A の逆行列 $A^{-1}=(b^j_i)$ を用いて，

$$l^j=\sum_{i=1}^m a^j_i\hat{l}^i,\quad \text{すなわち}\quad \hat{l}^j=\sum_{i=1}^m b^j_i l^i, \tag{4.4}$$

である．基底 $(\hat{\boldsymbol{v}}_i)$ と双対基底 $(\hat{l}^j)$ で変換の向きが逆になっていることに注意せよ．これらよりテンソルの成分の変換は以下のようになる．

定理 4.4　テンソルの成分と基底変換　テンソル $\boldsymbol{\xi}\in T^p_q(V)$ が，V の基底 $(\boldsymbol{v}_1,\ldots,\boldsymbol{v}_m)$ と V の双対空間 V^* の双対基底 $(l^1,\ldots,l^m)$ のもとで，上式 (4.2) のように成分 $(\xi^{i_1,\ldots,i_p}_{j_1,\ldots,j_q})$ で書けているとする．

今，式 (4.3),(4.4) によって定義した V の新しい基底 $(\hat{\boldsymbol{v}}_1,\ldots,\hat{\boldsymbol{v}}_m)$ とその双対基底 $(\hat{l}^1,\ldots,\hat{l}^m)$ のもとで，$(\hat{\xi}^{h_1,\ldots,h_p}_{k_1,\ldots,k_q})$ と書けるなら，もとの基底と新しい基底のもとでの $\boldsymbol{\xi}$ の成分表示の間に以下の変換公式が成り立つ．

$$\hat{\xi}^{h_1,\ldots,h_p}_{k_1,\ldots,k_q}=\sum_{i_1=1}^m\cdots\sum_{i_p=1}^m\sum_{j_1=1}^m\cdots\sum_{j_q=1}^m a^{j_1}_{k_1}\cdots a^{j_q}_{k_q}b^{h_1}_{i_1}\cdots b^{h_p}_{i_p}\xi^{i_1,\ldots,i_p}_{j_1,\ldots,j_q}. \tag{4.5}$$

---

[2] ここでも行列の添え字を上下に分けたのは，注意 4.5 の意味である．

証明　添え字 $i_1,\ldots,i_p$ をまとめて $\boldsymbol{i}$, 添え字 $j_1,\ldots,j_q$ をまとめて $\boldsymbol{j}$ と書くことにして，また，テンソル積 $\boldsymbol{v}_{i_1}\otimes\cdots\otimes\boldsymbol{v}_{i_p}$ も，

$$\bigotimes \boldsymbol{v}_{\boldsymbol{i}} = \boldsymbol{v}_{i_1}\otimes\cdots\otimes\boldsymbol{v}_{i_p}$$

のように略記する．さらに，この証明中では同じ添え字が上下に現れるときにはその添え字に関する総和記号 Σ を省略する[3]．例えば，もとの基底のもとでテンソルの成分表示 (4.2) は $\boldsymbol{i},\boldsymbol{j}$ による総和記号をすべて省略して，

$$\boldsymbol{\xi} = \xi^{\boldsymbol{i}}_{\boldsymbol{j}}\left(\bigotimes \boldsymbol{v}_{\boldsymbol{i}}\right)\otimes\left(\bigotimes l^{\boldsymbol{j}}\right)$$

と簡潔に書ける．また，もとの基底を新しい基底で書くと，

$$\boldsymbol{v}_i = b^h_i \hat{\boldsymbol{v}}_h,\quad l^j = a^j_k \hat{l}^k,$$

だから，これらのテンソル積は

$$\bigotimes \boldsymbol{v}_{\boldsymbol{i}} = (b^{h_1}_{i_1}\hat{\boldsymbol{v}}_{h_1})\otimes\cdots\otimes(b^{h_p}_{i_p}\hat{\boldsymbol{v}}_{h_p}) = b^{h_1}_{i_1}\cdots b^{h_p}_{i_p}\bigotimes \hat{\boldsymbol{v}}_{\boldsymbol{h}},$$

また同様に，

$$\bigotimes l^{\boldsymbol{j}} = a^{j_1}_{k_1}\cdots a^{j_q}_{k_q}\bigotimes \hat{l}^{\boldsymbol{k}}$$

だから，これを上式に代入すると確かに，

$$\boldsymbol{\xi} = \xi^{\boldsymbol{i}}_{\boldsymbol{j}} a^{j_1}_{k_1}\cdots a^{j_q}_{k_q} b^{h_1}_{i_1}\cdots b^{h_p}_{i_p}\left(\bigotimes \hat{\boldsymbol{v}}_{\boldsymbol{h}}\right)\otimes\left(\bigotimes \hat{l}^{\boldsymbol{k}}\right).$$

□

注意 4.6　反変/共変性と物理学　上の定理より，基底の変換に対して，共変テンソルの部分は基底変換と同じ変換，反変テンソルの部分はその逆の変換を受ける．物理学においては，座標変換に対する不変性が本質的な性質とみなされるため，(4.5) のように線形変換を受けること自体を逆に，テンソルの定義にすることが多い．

4.4　テンソルの対称性と交代性

テンソルの中で，特に重要で応用上も頻繁に現れるものとして，対称テンソルと交代テンソルがある．注意 4.3 で指摘したように，ベクトル $\boldsymbol{u},\boldsymbol{v}\in V$ に

[3] この省略記法を「アインシュタイン規約」と呼ぶ．

対して一般に $\boldsymbol{u}\otimes\boldsymbol{v}\neq\boldsymbol{v}\otimes\boldsymbol{u}$ だが，$\boldsymbol{u}\otimes\boldsymbol{v}\mapsto\boldsymbol{v}\otimes\boldsymbol{u}$ のようなテンソル積の入れ替えの変換に対して，変化しないテンソルは良い性質を持つ．また，この変換に対して，符号だけを変えるテンソルも重要な対象である．

この前者が対称テンソルの例，後者が交代テンソルの例である．これを 2 つ以上のベクトルのテンソル積の場合に一般化すると，テンソル積 $\boldsymbol{v}_1\otimes\cdots\otimes\boldsymbol{v}_m$ に対して，これらのテンソル積の順序の並び換えが符号を変えるか変えないか，という違いになるので，この「並び換え」を数学の言葉にしておく必要がある．

4.4.1 準備：置換について

1 から n までの n 個の数字の列 $(12\cdots n)$ を並び換えたもの，$(i_1i_2\cdots i_n)$ のことをもとの列の置換と言う．この置換は

$$1\mapsto i_1,\quad 2\mapsto i_2,\quad \cdots,\quad n\mapsto i_n$$

という対応だから，集合 $A=\{1,2,\ldots,n\}$ から A 自身への全単射 $\sigma:A\to A$ で，$\sigma(k)=i_k$, $(k=1,\ldots,n)$ のようにも書ける．例えば，

$$\sigma(1)=2,\quad \sigma(2)=3,\quad \sigma(3)=1,\quad \sigma(4)=4$$

のように写す写像 σ は (1234) を (2314) のように並び換える置換．

また，$(12\cdots n)$ の置換の全体を $\mathfrak{S}_n$ と書く．$\mathfrak{S}_n$ の元の個数，つまり並び換えの方法は n 個の異なるものの順列の数だから，$n!$ 個ある．

2 つの置換 $\sigma,\sigma'\in\mathfrak{S}_n$ をこの順に続けて行うことも全単射の合成 $\sigma'\circ\sigma$ だから，置換である．これを置換の積と言う．もちろん，3 つ以上の置換についても積が考えられる．置換の積は一般には可換でない $(\sigma'\circ\sigma\neq\sigma\circ\sigma')$.

置換の中で，特に 2 つの数字だけを入れ替えて，他は動かさないものを互換と言う．例えば，(1234) を (1324) と並び換える置換は，2 と 3 を入れ替えただけで，他を動かさないから互換である．任意の置換は互換をいくつかほどこすことで実現できる，つまり任意の置換が互換の積で表せることがわかる．

置換 $\sigma\in\mathfrak{S}_n$ について，その符号 $\mathrm{sgn}(\sigma)$ を

$$\mathrm{sgn}(\sigma)=\prod_{i<j}\frac{\sigma(j)-\sigma(i)}{j-i}$$

で定義する (ここで $\prod_{i<j}$ は $1\leq i<j\leq n$ を満たす i,j の組すべてについての積)．上式右辺の分母も分子も，符号を除けば異なる $i\neq j$ すべてにわたる $(j-i)$ の積なので，$\mathrm{sgn}(\sigma)$ は常に 1 か -1 であることに注意．$\mathrm{sgn}(\sigma)$ が 1

であるような置換 σ を偶置換，-1 であるような置換を奇置換と言う．実は，偶置換は偶数個の互換の積で，奇置換は奇数個の互換の積で書けるということもわかる．

4.4.2 対称テンソルと交代テンソル

テンソル積 $\boldsymbol{v}_1 \otimes \cdots \otimes \boldsymbol{v}_m$ に対し，置換 $\sigma \in \mathfrak{S}_m$ による並び換え

$$\boldsymbol{v}_1 \otimes \cdots \otimes \boldsymbol{v}_m \mapsto \boldsymbol{v}_{\sigma(1)} \otimes \cdots \otimes \boldsymbol{v}_{\sigma(m)}$$

が考えられる．おおまかに言えば，この並び換えによって不変なものが対称テンソル，置換の符号がつくものが交代テンソルである．

本項では，反変テンソル空間における対称/交代テンソルのみ定義するが，共変テンソル空間や反変共変テンソル空間でも定義は同様である．

まず，上のような置換によるテンソル積の並び換えに対応するような，反変テンソル空間上の作用素を用意する．置換 $\sigma \in \mathfrak{S}_p$ と，有限次元の線形空間 V 上の p 階反変テンソル空間 $T^p(V)$ に対し，任意の $\boldsymbol{v}_1, \ldots, \boldsymbol{v}_p \in V$ について，

$$P_\sigma(\boldsymbol{v}_1 \otimes \cdots \otimes \boldsymbol{v}_p) = \boldsymbol{v}_{\sigma(1)} \otimes \cdots \otimes \boldsymbol{v}_{\sigma(p)} \tag{4.6}$$

で作用素 $P_\sigma \in \mathcal{L}(T^p)$ を定める．上式の関係によって可逆な作用素が一意に定義されることは，基底を基底に写すことから明らか．

この作用素 P_σ を用いて，以下のように対称/交代テンソル[4)]を定義する．

定義 4.6　対称テンソルと交代テンソル　有限次元の線形空間 V 上の p 階反変テンソル空間 $T^p(V)$ のテンソル $\boldsymbol{\xi} \in T^p(V)$ が，任意の置換 $\sigma \in \mathfrak{S}_p$ に対して，$P_\sigma(\boldsymbol{\xi}) = \boldsymbol{\xi}$ となるとき (p 次の) 対称テンソルと呼び，$T^p(V)$ の対称テンソル全体を $S^p(V)$ と書く．

また，テンソル $\boldsymbol{\xi} \in T^p(V)$ が，任意の置換 $\sigma \in \mathfrak{S}_p$ に対して，$P_\sigma(\boldsymbol{\xi}) = \mathrm{sgn}(\sigma)\boldsymbol{\xi}$ となるとき p 次の交代テンソル (または単に交代テンソル) と呼び，$T^p(V)$ の交代テンソル全体を $A^p(V)$ と書く．

対称テンソルの全体 $S^p(V)$ と交代テンソルの全体 $A^p(V)$ は，以下のよう

---

4) 厳密には，以下の交代テンソルの定義は反対称 (歪対称) テンソルの定義であり，さらに加えて，同じ $\boldsymbol{v} \in V$ を含むテンソル積が $\boldsymbol{o}$ となるときを交代テンソルと呼ぶ．しかし本書では係数体は $\mathbb{R}$ か $\mathbb{C}$ なので，$a = -a$ ならば $a = 0$ より両者の定義は一致する．

に $T^p(V)$ の線形部分空間になる.

注意 4.7 対称テンソル空間と交代テンソル空間 テンソルの和とスカラー倍は，線形空間であるテンソル空間の和とスカラー倍であり，これによってテンソルを基底の線形結合で書いたときの対称性，交代性は変わらないから，対称テンソルの全体 $S^p(V)$ と交代テンソルの全体 $A^p(V)$ は，それぞれ $T^p(V)$ の線形部分空間になる.

$n = \dim V$ とおくと，$T^p(V)$ の n^p 個の基底ベクトルのうち，対称性，交代性で同じになるものを考慮して組合せを計算すれば，

$$\dim S^p(V) = \begin{pmatrix} n+p-1 \\ p \end{pmatrix}, \quad \dim A^p(V) = \begin{pmatrix} n \\ p \end{pmatrix}$$

がわかる．ここでそれぞれの右辺は 2 項係数，つまり，

$$\begin{pmatrix} n \\ p \end{pmatrix} = \frac{n!}{p!(n-p)!},$$

ここに $n!$ は n の階乗，つまり 1 から n までの自然数の積.

4.4.3 例：2 階の対称/交代テンソルと対称/交代行列

対称テンソルと交代テンソルの例として，行列表示が可能な 2 階の場合に様子を見ておこう.

3 次元のベクトル空間 V に対し，2 階の反変テンソル空間 $T^2(V) = V \otimes V$ を考えよう．V の基底を $(\boldsymbol{v}_1, \boldsymbol{v}_2, \boldsymbol{v}_3)$ とすれば，$T^2(V)$ の基底は

$$\boldsymbol{v}_1 \otimes \boldsymbol{v}_1,\ \boldsymbol{v}_1 \otimes \boldsymbol{v}_2,\ \boldsymbol{v}_1 \otimes \boldsymbol{v}_3,\ \boldsymbol{v}_2 \otimes \boldsymbol{v}_1,\ \boldsymbol{v}_2 \otimes \boldsymbol{v}_2,\ \boldsymbol{v}_2 \otimes \boldsymbol{v}_3,\ \boldsymbol{v}_3 \otimes \boldsymbol{v}_1,\ \boldsymbol{v}_3 \otimes \boldsymbol{v}_2,\ \boldsymbol{v}_3 \otimes \boldsymbol{v}_3,$$

である．基底ベクトルの順序には任意性があるが，添え字の辞書順に並べておく.

よって，任意のテンソル $\boldsymbol{\xi} \in T^2(V)$ は，

$$\begin{aligned} \boldsymbol{\xi} &= \xi^{11} \boldsymbol{v}_1 \otimes \boldsymbol{v}_1 + \xi^{12} \boldsymbol{v}_1 \otimes \boldsymbol{v}_2 + \xi^{13} \boldsymbol{v}_1 \otimes \boldsymbol{v}_3 \\ &\quad + \xi^{21} \boldsymbol{v}_2 \otimes \boldsymbol{v}_1 + \xi^{22} \boldsymbol{v}_2 \otimes \boldsymbol{v}_2 + \xi^{23} \boldsymbol{v}_2 \otimes \boldsymbol{v}_3 \\ &\quad + \xi^{31} \boldsymbol{v}_3 \otimes \boldsymbol{v}_1 + \xi^{32} \boldsymbol{v}_3 \otimes \boldsymbol{v}_2 + \xi^{33} \boldsymbol{v}_3 \otimes \boldsymbol{v}_3 \end{aligned}$$

と成分 (ξ^{ij}) で表示される．$\boldsymbol{\xi}$ は線形空間の元，つまりベクトルなのであるが，これを以下のように行列で表示すると見やすい.

$$\boldsymbol{\xi} \mapsto \begin{bmatrix} \xi^{11} & \xi^{12} & \xi^{13} \\ \xi^{21} & \xi^{22} & \xi^{23} \\ \xi^{31} & \xi^{32} & \xi^{33} \end{bmatrix}.$$

T^2 に働く置換 $\mathfrak{S}_2$ は，どの添え字もそのまま (恒等置換) $(ij) \mapsto (ij)$ と，2 つの添え字を入れ変える置換 $(ij) \mapsto (ji)$ の 2 通りしかないので，この後者の $\sigma \in \mathfrak{S}_2$ だけ考えれば十分 (つまり，$\sigma(i) = j, \sigma(j) = i$).

この σ による作用素 $P_\sigma \in \mathcal{L}(T^2(V))$ によって，$\boldsymbol{\xi}$ は

$$\begin{aligned} P_\sigma(\boldsymbol{\xi}) &= \xi^{11}\boldsymbol{v}_1 \otimes \boldsymbol{v}_1 + \xi^{12}\boldsymbol{v}_2 \otimes \boldsymbol{v}_1 + \xi^{13}\boldsymbol{v}_3 \otimes \boldsymbol{v}_1 \\ &\quad + \xi^{21}\boldsymbol{v}_1 \otimes \boldsymbol{v}_2 + \xi^{22}\boldsymbol{v}_2 \otimes \boldsymbol{v}_2 + \xi^{23}\boldsymbol{v}_3 \otimes \boldsymbol{v}_2 \\ &\quad + \xi^{31}\boldsymbol{v}_1 \otimes \boldsymbol{v}_3 + \xi^{32}\boldsymbol{v}_2 \otimes \boldsymbol{v}_3 + \xi^{33}\boldsymbol{v}_3 \otimes \boldsymbol{v}_3 \end{aligned}$$

に写される．基底を添え字の辞書順に整理して行列の形に並べると，

$$P_\sigma(\boldsymbol{\xi}) \mapsto \begin{bmatrix} \xi^{11} & \xi^{21} & \xi^{31} \\ \xi^{12} & \xi^{22} & \xi^{32} \\ \xi^{13} & \xi^{23} & \xi^{33} \end{bmatrix}$$

となる．行列 (ξ^{ij}) に対して，行と列の添え字をひっくり返した行列 (ξ^{ji}) のことを転置行列[5] と言うので，この P_σ は行列 (ξ^{ij}) を「転置する」.

上の行列表示より，$\boldsymbol{\xi}$ が対称テンソルならば，

$$\begin{bmatrix} \xi^{11} & \xi^{12} & \xi^{13} \\ \xi^{21} & \xi^{22} & \xi^{23} \\ \xi^{31} & \xi^{32} & \xi^{33} \end{bmatrix} = \begin{bmatrix} \xi^{11} & \xi^{21} & \xi^{31} \\ \xi^{12} & \xi^{22} & \xi^{32} \\ \xi^{13} & \xi^{23} & \xi^{33} \end{bmatrix}$$

となり，任意の i, j について $\xi^{ij} = \xi^{ji}$ だから，行列で書けば，

$$\boldsymbol{\xi} \mapsto \begin{bmatrix} \xi^{11} & \xi^{12} & \xi^{13} \\ \xi^{12} & \xi^{22} & \xi^{23} \\ \xi^{13} & \xi^{23} & \xi^{33} \end{bmatrix}$$

となって, $3^2 = 9$ つの成分のうち本質的には 6 つだけで表示される $(4!/(2!2!) = 6$ と注意 4.7 に注意). よって，対称テンソルの次元は 6 である.

このように，その転置行列が自分自身に等しい行列のことを対称行列と呼ぶので，2 階の対称テンソルは対称行列による表示を持つわけである.

[5] 本書ではほとんど用いないが，行列 A の転置行列を ${}^tA$ や A^{T} の記号で表すことが多い．この記号は特に $(n, 1)$ 行列または $(1, n)$ 行列，つまりベクトルにも用いられる.

一方，もし $\boldsymbol{\xi}$ が交代テンソルならば，任意の i, j について $\xi^{ij} = -\xi^{ji}$ だから同様に，行列で書けば ($i = j$ のときには，$\xi^{ii} = -\xi^{ii}$ より，自動的に $\xi^{ii} = 0$ にも注意して)，

$$\boldsymbol{\xi} \mapsto \begin{bmatrix} 0 & \xi^{12} & \xi^{13} \\ -\xi^{12} & 0 & \xi^{23} \\ -\xi^{13} & -\xi^{23} & 0 \end{bmatrix}$$

となり，9 つの成分のうち本質的には 3 つだけで表示される ($3!/(2!1!) = 3$ と注意 4.7 に注意)．よって，交代テンソルの次元は 3 である．

このように，転置行列が自身の (-1) 倍である行列のことを交代行列[6]と呼ぶので，2 階の交代テンソルは交代行列による表示を持つ．

4.5 テンソル代数

テンソル積は新しい線形空間を作り出すのだったから，テンソル空間の中でテンソル積の操作をすると，その結果は別のテンソル空間に飛び出てしまう．例えば以下のように，$\boldsymbol{\xi}, \boldsymbol{\eta} \in T^p$ について，$\boldsymbol{\xi} \otimes \boldsymbol{\eta} \in T^{2p}$ である．

$$\begin{aligned} \boldsymbol{\xi} \otimes \boldsymbol{\eta} &= \left(\sum_{i,j} \xi^{ij} \boldsymbol{v}_i \otimes \boldsymbol{v}_j \right) \otimes \left(\sum_{k,l} \eta^{kl} \boldsymbol{v}_k \otimes \boldsymbol{v}_l \right) \\ &= \sum_{i,j} \sum_{k,l} \xi^{ij} \eta^{kl} \boldsymbol{v}_i \otimes \boldsymbol{v}_j \otimes \boldsymbol{v}_k \otimes \boldsymbol{v}_l. \end{aligned}$$

よって，もしテンソル積の操作も含めて，代数的な構造を考えたいなら，すべての階数のテンソル積の直和のようなものを考えるとよさそうである．つまり，

$$T^0(V) \oplus T^1(V) \oplus T^2(V) \oplus T^3(V) \oplus \cdots \oplus T^n(V) \oplus \cdots,$$

より直接的に書けば，

$$F \oplus V \oplus (V \otimes V) \oplus (V \otimes V \otimes V) \oplus \cdots \oplus (V \otimes \cdots \otimes V) \oplus \cdots.$$

これを実際に無限次元の空間として実現したものがテンソル代数である．テンソル代数は数学やその応用の様々な分野で高度な代数構造を持つ舞台として現れるので，本節では簡単にその定義を解説する．

次項でまず，上式で用いた無限個の直和について整理してから，それぞれの

---

[6] 交代行列を歪対称行列や反対称行列と呼ぶこともある．脚注 4 (p.116) も参照．

定義をしよう.

4.5.1　無限直和

F 上の (可算無限個の) 線形空間 $V_0, V_1, V_2, \ldots$ に対して，それらの無限直和 $V_0 \oplus V_1 \oplus V_2 \oplus \cdots$ を以下のように定義する.

定義 4.7　線形空間の無限直和　F 上の線形空間 $V_0, V_1, V_2, \ldots$ に対し，各 $\boldsymbol{v}_0 \in V_0$, $\boldsymbol{v}_1 \in V_1$, $\boldsymbol{v}_2 \in V_2, \ldots$ の組 (無限列) であって，$\boldsymbol{v}_i \neq \boldsymbol{o}$ となる添え字 i が高々有限個しかないもの $\tilde{\boldsymbol{v}} = (\boldsymbol{v}_0, \boldsymbol{v}_1, \boldsymbol{v}_2, \ldots)$ の全体のなす集合に，以下のように和とスカラー倍を定義した線形空間のことを V_n らの無限直和と言い，

$$\tilde{V} = \bigoplus_{n=0}^{\infty} V_n = V_0 \oplus V_1 \oplus V_2 \oplus \cdots$$

のように書く.

この $\tilde{V}$ における和とスカラー倍は，$\tilde{\boldsymbol{v}} = (\boldsymbol{v}_0, \boldsymbol{v}_1, \boldsymbol{v}_2, \ldots)$, $\tilde{\boldsymbol{v}'} = (\boldsymbol{v}'_0, \boldsymbol{v}'_1, \boldsymbol{v}'_2, \ldots) \in \tilde{V}$，スカラー $a \in F$ に対し，以下のように定める.

$$\tilde{\boldsymbol{v}} + \tilde{\boldsymbol{v}'} = (\boldsymbol{v}_0 + \boldsymbol{v}'_0,\ \boldsymbol{v}_1 + \boldsymbol{v}'_1,\ \boldsymbol{v}_2 + \boldsymbol{v}'_2, \ldots),$$

$$a\tilde{\boldsymbol{v}} = (a\boldsymbol{v}_0,\ a\boldsymbol{v}_1,\ a\boldsymbol{v}_2, \ldots).$$

この定義で i 番目のベクトルだけが零ベクトルでない $\tilde{V}$ の元, $(0, \ldots, 0, \boldsymbol{v}_i, 0, \ldots)$ を $\boldsymbol{v}_i \in V_i$ と同一視すれば，V_i は $\tilde{V}$ の線形部分空間とみなすことができる.

また，$(\boldsymbol{v}_0, \boldsymbol{v}_1, \boldsymbol{v}_2, \ldots)$ のうち，零ベクトルでないものは高々有限個しかないので [7]，ある番号 n_0 より先はすべて零ベクトルだから，

$$\tilde{\boldsymbol{v}} = \sum_{n=0}^{n_0} \boldsymbol{v}_n, \quad (\boldsymbol{v}_n \in V_n)$$

と書ける．しかし，その都度 n_0 を指定するのが面倒なので，形式的に

$$\tilde{\boldsymbol{v}} = \sum_{n=0}^{\infty} \boldsymbol{v}_n, \quad (\boldsymbol{v}_n \in V_n)$$

[7] 無限個の線形空間の直積において非零ベクトルが高々有限個である必要はないが，無限直和ではこの条件を要請するのは，和を有限個にとどめ，収束の議論を避けたいからである.

と書くことにする (つまり無限和のように書くが，実際は有限個の和).

4.5.2 テンソル代数

前項の線形空間の無限直和で，各線形空間 V_n が (F 上の有限次元線形空間 V の) n 階の反変テンソル空間 $T^n(V)$ の場合が，テンソル代数

$$T(V) = \bigoplus_{n=0}^{\infty} T^n(V) = T^0(V) \oplus T^1(V) \oplus T^2(V) \oplus \cdots$$

である．ただし，ここで $T^0(V) = F$ である．

これが線形空間であるばかりか，以下のようにテンソル積 $\otimes$ の演算も定義されていることが本質である．

まず，$\boldsymbol{\xi}_p \in T^p(V)$ と $\boldsymbol{\xi}_q \in T^q(V)$ に対し，

$$T^p(V) \times T^q(V) \ni (\boldsymbol{\xi}_p, \boldsymbol{\xi}_q) \mapsto \boldsymbol{\xi}_p \otimes \boldsymbol{\xi}_q \in T^{p+q}(V)$$

が双線形写像であることに注意する．

これを用いて，一般に $\tilde{\boldsymbol{\xi}} \in \sum_{p=0}^{\infty} \boldsymbol{\xi}_p$, $(\boldsymbol{\xi}_p \in T^p(V))$ と $\tilde{\boldsymbol{\xi}}' \in \sum_{q=0}^{\infty} \boldsymbol{\xi}'_q$, $(\boldsymbol{\xi}'_q \in T^q(V))$ とのテンソル積 $\tilde{\boldsymbol{\xi}} \otimes \tilde{\boldsymbol{\xi}}'$ を，

$$\tilde{\boldsymbol{\xi}} \otimes \tilde{\boldsymbol{\xi}}' = \sum_{p=0}^{\infty} \left(\sum_{i+j=p} \boldsymbol{\xi}_i \otimes \boldsymbol{\xi}'_j \right) \tag{4.7}$$

で定義する．ここで 2 つめの総和記号は $i+j=p$ を満たすような i, j の組すべてについて和をとるという意味である．このテンソル積

$$T(V) \times T(V) \ni (\tilde{\boldsymbol{\xi}}, \tilde{\boldsymbol{\xi}}') \mapsto \tilde{\boldsymbol{\xi}} \otimes \tilde{\boldsymbol{\xi}}' \in T(V)$$

も双線形写像である．

また，テンソル積の結合律 (定理 4.2) より，このテンソル積も結合律を満たすし，さらに，$1 \in F = T^0(V)$ も $T(V)$ の元とみなして，任意の $\tilde{\boldsymbol{\xi}} \in T(V)$ に対し，$1 \otimes \tilde{\boldsymbol{\xi}} = \tilde{\boldsymbol{\xi}} \otimes 1 = \tilde{\boldsymbol{\xi}}$ も成り立つ．

以上を用いて，テンソル代数を以下のように定義する．

定義 4.8　テンソル代数　有限次元線形空間 V について，線形空間

$$T(V) = \bigoplus_{n=0}^{\infty} T^n(V) = T^0(V) \oplus T^1(V) \oplus T^2(V) \oplus \cdots$$

に，テンソル積 $\otimes$ を (4.7) で定義したものをテンソル代数と言う．

式 (4.7) のテンソル積の定義はややわかり難いので，簡単な例を以下に挙げておく．要は，同じ階数のテンソル積を非可換性に気をつけてまとめるだけで，自然な積である．

例 4.3　テンソル代数のテンソル積　V の基底を $(\boldsymbol{u}, \boldsymbol{v})$ として，$\tilde{\boldsymbol{\xi}}, \tilde{\boldsymbol{\eta}} \in T(V)$ を，

$$\tilde{\boldsymbol{\xi}} = 1 + 2\boldsymbol{u} + 3\boldsymbol{v} + 4(\boldsymbol{u} \otimes \boldsymbol{v}), \quad \tilde{\boldsymbol{\eta}} = 5 + 6\boldsymbol{u} + 7(\boldsymbol{v} \otimes \boldsymbol{u})$$

とすると，

$$\begin{aligned}\tilde{\boldsymbol{\xi}} \otimes \tilde{\boldsymbol{\eta}} &= 1 \cdot 5 + (1 \cdot 6 + 2 \cdot 5)\boldsymbol{u} + 3 \cdot 5\boldsymbol{v} \\ &+ 2 \cdot 6(\boldsymbol{u} \otimes \boldsymbol{u}) + 4 \cdot 5(\boldsymbol{u} \otimes \boldsymbol{v}) + (3 \cdot 6 + 1 \cdot 7)(\boldsymbol{v} \otimes \boldsymbol{u}) \\ &+ (4 \cdot 6 + 2 \cdot 7)(\boldsymbol{u} \otimes \boldsymbol{v} \otimes \boldsymbol{u}) + 3 \cdot 7(\boldsymbol{v} \otimes \boldsymbol{v} \otimes \boldsymbol{u}) \\ &+ 4 \cdot 7(\boldsymbol{u} \otimes \boldsymbol{v} \otimes \boldsymbol{v} \otimes \boldsymbol{u}).\end{aligned}$$

テンソル代数よりやや高度な空間として，テンソル空間 $T^n(V)$ の代わりに対称テンソル全体 $S^n(V)$ だけを集めて同様に無限直和を考えたものを対称代数，交代テンソル全体 $A^n(V)$ だけを集めて同様に構成したものを外積代数 (グラスマン代数) と言う．

これらを定義するには，演算 $\otimes$ の結果が再びその空間に含まれるように「対称化」する操作が必要になるが，本質的にはテンソル代数の構成と同様である．対称代数と外積代数も数学やその応用の色々な場所で重要な代数構造として姿を現す．

第 **5** 章

ノルムと内積

ここまでの線形代数の展開には，ベクトルの「大きさ」や「長さ」，ベクトル間の「角度」関係などは現れなかった．実際，このような「計量」と呼ばれる概念はノルムと内積を通じて線形空間に導入されるのである．

5.1 ノルムと距離

5.1.1 ノルムと距離の定義

以下の定義で挙げる性質からわかるように，「ノルム」とは「大きさ」や「長さ」の概念を抽象化したものである．

定義 5.1 ノルムとノルム空間 F 上の線形空間 V の各元 $\boldsymbol{v} \in V$ に対して非負の実数 $\|\boldsymbol{v}\| \geq 0$ を定める対応が以下の条件を満たすとき，$\|\boldsymbol{v}\|$ を $\boldsymbol{v}$ のノルムと言う．また，ノルムを持つ線形空間をノルム空間と言う．

1. $\|\boldsymbol{v}\| = 0$ と $\boldsymbol{v} = \boldsymbol{o}$ とは同値．
2. 任意の $a \in F$ と $\boldsymbol{v} \in V$ について $\|a\boldsymbol{v}\| = |a|\|\boldsymbol{v}\|$.
3. 任意の $\boldsymbol{v}, \boldsymbol{w} \in V$ について $\|\boldsymbol{v} + \boldsymbol{w}\| \leq \|\boldsymbol{v}\| + \|\boldsymbol{w}\|$.

この条件 2 で，$|a|$ は F が $\mathbb{R}$ のときには a の通常の絶対値，$\mathbb{C}$ のときには (第 0.2.3 項で復習した) 複素数の絶対値である [1].

この最後の条件 3 を三角不等式と言う．その心は「三角形の 2 辺の長さの和は残りの 1 辺の長さより常に長い」という初等幾何学的な性質の一般化である．数学的には「長さ」(距離) は以下のように定義される．

---

1) この条件 2 のため，ノルム空間では体 F が「絶対値」$|\cdot|$ の概念を持つ必要がある．のちに定義する内積空間 (定義 5.3) でも同様の事情で，F が一般の体より良い性質を持つ必要がある．しかし，本書では F は $\mathbb{R}$ か $\mathbb{C}$ としているため，どちらも問題ない．

定義 5.2　距離と距離空間　集合 X の任意の 2 元 $x, y \in X$ に対して，非負の実数 $d(x,y) \geq 0$ を定める対応が以下の条件を満たすとき，$d(x,y)$ を x と y の距離と言う．また，距離を持つ集合を距離空間と言う．

1. $d(x,y) = 0$ と $x = y$ とは同値.
2. 任意の $x, y \in X$ について $d(x,y) = d(y,x)$.
3. 任意の $x, y, z \in X$ について $d(x,z) \leq d(x,y) + d(y,z)$.

この最後の条件 3 も三角不等式と言う．つまり，ノルムと同様に，「寄り道すると遠くなる」ことが距離の本質的性質の 1 つである．

距離空間は単なる集合に距離が定義できればよく，線形空間であることは要請されない．しかし，ノルムと距離の定義の類似性から想像されるように，2 点間の距離 $d(\cdot, \cdot)$ はノルム $\|\cdot\|$ から，$d(\boldsymbol{v}, \boldsymbol{w}) = \|\boldsymbol{v} - \boldsymbol{w}\|$ で自然に定めることができる．このような距離 $d(\cdot, \cdot)$ をノルムから自然に定義された距離と言う．ノルム空間では通常，そのノルムから自然に定義された距離が仮定されている．

5.1.2　ノルムと距離の例

例 5.1　ユークリッド距離，マンハッタン距離，パリ距離　座標空間 $\mathbb{R}^n$ では，2 点 $A(a_1, \ldots, a_n), B(b_1, \ldots, b_n)$ に対して，ユークリッド距離

$$d_E(A,B) = \sqrt{(a_1 - b_1)^2 + \cdots + (a_n - b_n)^2}$$

が想定されていることが多く，その場合はユークリッド空間と言う．これは $\mathbb{R}^n$ の元 $\boldsymbol{a} = (a_1, \ldots, a_n)$ に対し定義されたユークリッドノルム $\|\boldsymbol{a}\|_E = \sqrt{a_1^2 + \cdots + a_n^2}$ から自然に定義された距離であると考えられる．

しかし，同じ $\mathbb{R}^n$ に以下のように異なる距離を入れることもできる．

$$d_M(A,B) = |a_1 - b_1| + \cdots + |a_n - b_n|.$$

この $d_M(\cdot, \cdot)$ は，碁盤の目状の街での最短距離を想像して，マンハッタン距離と呼ばれる．これはノルム $\|\boldsymbol{a}\|_M = |a_1| + \cdots + |a_n|$ から自然に定義された距離である．

また，2 点 A, B に対し，原点 $O(0, \ldots, 0)$ と点 A, B が一直線上にあ

る場合にはユークリッド距離 $d_E(A,B)$，そうでない場合は $d_E(O,A)+d_E(O,B)$ を与えると，これも距離になっている．これは中心広場から放射状に道が広がる市街の最短距離を想像して，パリ距離と呼ばれる．

例 5.2 数列の空間のノルムと距離 数列 $\{a_n\}_{n\in\mathbb{N}}$ 全体の空間は例 1.2 で見たように線形空間だった．その中で特に絶対収束するもの，つまり，$\sum_{n=1}^{\infty}|a_n|<\infty$ であるようなものだけを考えると (ここで $|\cdot|$ は実数または複素数での絶対値)，

$$\sum_{n=1}^{\infty}|a_n+b_n|\leq\sum_{n=1}^{\infty}|a_n|+\sum_{n=1}^{\infty}|b_n|<\infty$$

などから，線形部分空間をなすことがわかる．ここに，

$$\|\{a_n\}\|=\sum_{n=1}^{\infty}|a_n|$$

でノルムを定義して，距離を

$$d(\{a_n\},\{b_n\})=\|\{a_n\}-\{b_n\}\|=\sum_{n=1}^{\infty}|a_n-b_n|$$

と定義できる．このノルムを数列の l^1 ノルム，この距離を l^1 距離，この線形部分空間を l^1 空間 と呼ぶ．

実は，これと同様にして，実数 $p\geq 1$ に対し，$\sum_{n=1}^{\infty}|a_n|^p<\infty$ であるような数列全体が線形空間になり，

$$\|\{a_n\}\|_p=\left\{\sum_{n=1}^{\infty}|a_n|^p\right\}^{1/p}$$

をノルムとしてノルム空間，距離をこのノルム $\|\cdot\|_p$ から自然に定義された距離として距離空間をなす (もちろんこれは自明でない．特に三角不等式を示す必要がある)．このノルムを l^p ノルム，この距離を l^p 距離，この線形空間を l^p 空間 と呼ぶ．

また，$\sup_{n\in\mathbb{N}}\{|a_n|\}<\infty$ であるような数列全体も線形空間になり，

$$\|\{a_n\}\|_\infty=\sup_{n\in\mathbb{N}}\{|a_n|\}$$

をノルムとしてノルム空間，距離をこのノルム $\|\cdot\|_\infty$ から自然に定義された距離として距離空間をなす．このノルムを l^∞ ノルム，この距離を l^∞ 距離，この線形空間を l^∞ 空間 と呼ぶ．

例 5.3 関数空間のノルムと距離 例 1.4 で見たように区間 I 上の F 値関数全体は線形空間をなすのだった．その中で特に I 上での絶対値の p 乗の積分[5] が有限であるもの，つまり，$\int_I |f(x)|^p dx < \infty$ であるようなものだけを考えると線形空間をなし，

$$\|f\|_p = \left\{\int_I |f(x)|^p dx\right\}^{1/p} \qquad (|\cdot| \text{ は実数/複素数に応じた絶対値})$$

をノルムとしてノルム空間，このノルムから自然に定義された距離で距離空間になる (無論これは自明でない．特に三角不等式を示す必要がある)．

このノルムを関数の L^p ノルム，この距離を L^p 距離，この線形部分空間を L^p 空間と呼ぶ (L と大文字で書いて，数列の場合と区別する)．

また，$\sup_{x\in I} |f(x)| < \infty$ であるような数列全体も線形空間になり，

$$\|f\|_\infty = \sup_{x\in I} |f(x)|$$

をノルムとしてノルム空間，距離をこのノルムから自然に定義された距離として距離空間をなす．このノルムを L^∞ ノルム，この距離を L^∞ 距離，この線形空間を L^∞ 空間と呼ぶ．

このように数列や関数の空間にノルムや距離を定義することで，対象を幾何学的に調べる可能性が開けるが，その上，「近似の極限」が考えられると解析学的な手法も使えて都合が良い．それには，良い性質を持つ無限列の極限がその空間の中に存在している，という「完備性」が必要になる．この完備性を持つノルム空間のことをバナッハ空間と言うが，その厳密な定義や詳しい性質は関数解析の教科書にゆずる．

5.2 内積と直交性

5.2.1 内積の定義と性質

本項では $\mathbb{R}$ または $\mathbb{C}$ 上の線形空間に対し，内積を定義する (p.123 の脚注 1) を参照，また複素数とその共役については第 0.2.3 項「複素数」参照)．

---

5) ここでの「積分」はリーマン積分より，その拡張であるルベーグ積分を考える方が適切である．詳しくはルベーグ積分の理論の入門書にゆずる．

定義 5.3 内積と内積空間 $\mathbb{C}$ 上の線形空間 V において，$\boldsymbol{u}, \boldsymbol{v} \in V$ を $\langle \boldsymbol{u}, \boldsymbol{v} \rangle \in \mathbb{C}$ に対応させる写像が以下の性質を持つとき，この $\langle \cdot, \cdot \rangle$ を内積と言い，内積を持つ線形空間を (複素) 内積空間と言う．

1. 任意の $\boldsymbol{v} \in V$ について $\langle \boldsymbol{v}, \boldsymbol{v} \rangle$ は非負の実数であり ($\langle \boldsymbol{v}, \boldsymbol{v} \rangle \geq 0$)，$\langle \boldsymbol{v}, \boldsymbol{v} \rangle = 0$ と $\boldsymbol{v} = \boldsymbol{o}$ とは同値．
2. 任意の $\boldsymbol{u}, \boldsymbol{v} \in V$ について，$\langle \boldsymbol{u}, \boldsymbol{v} \rangle = \overline{\langle \boldsymbol{v}, \boldsymbol{u} \rangle}$．
3. 任意の $a \in \mathbb{C}$ と任意の $\boldsymbol{u}, \boldsymbol{v} \in V$ について，$\langle a\boldsymbol{u}, \boldsymbol{v} \rangle = a\langle \boldsymbol{u}, \boldsymbol{v} \rangle$．
4. 任意の $\boldsymbol{u}, \boldsymbol{v}, \boldsymbol{w} \in V$ について，$\langle \boldsymbol{u} + \boldsymbol{v}, \boldsymbol{w} \rangle = \langle \boldsymbol{u}, \boldsymbol{w} \rangle + \langle \boldsymbol{v}, \boldsymbol{w} \rangle$．

また，$\mathbb{R}$ 上の線形空間 V においても，$\boldsymbol{u}, \boldsymbol{v} \in V$ を $\langle \boldsymbol{u}, \boldsymbol{v} \rangle \in \mathbb{R}$ に対応させる $\langle \cdot, \cdot \rangle$ で上の条件を満たすものを (実) 内積と言い，(実) 内積を持つ線形空間を (実) 内積空間と言う (この場合，条件 2 は $\langle \boldsymbol{u}, \boldsymbol{v} \rangle = \langle \boldsymbol{v}, \boldsymbol{u} \rangle$ になること，また，条件 3 は任意の $a \in \mathbb{R}$ について成立すればよいことに注意)．

$\mathbb{C}$ 上の線形空間の場合の条件 2 をエルミート対称性と言う．また，$\mathbb{C}$ 上の内積をエルミート内積，またはユニタリ内積と呼んだり，$\mathbb{C}$ 上の内積空間をユニタリ空間と呼ぶこともある．

なお，条件 3 では内積の第 1 要素に関するスカラー倍の関係しか要請していないことに注意せよ．よって，実数の場合には $a \in \mathbb{R}$ に対し，

$$\langle \boldsymbol{u}, a\boldsymbol{v} \rangle = \langle a\boldsymbol{v}, \boldsymbol{u} \rangle = a\langle \boldsymbol{v}, \boldsymbol{u} \rangle = a\langle \boldsymbol{u}, \boldsymbol{v} \rangle$$

となって，第 2 要素についても成り立つが，複素数の場合には $a \in \mathbb{C}$ に対し，

$$\langle \boldsymbol{u}, a\boldsymbol{v} \rangle = \overline{\langle a\boldsymbol{v}, \boldsymbol{u} \rangle} = \overline{a\langle \boldsymbol{v}, \boldsymbol{u} \rangle} = \overline{a}\,\overline{\langle \boldsymbol{v}, \boldsymbol{u} \rangle} = \overline{a}\langle \boldsymbol{u}, \boldsymbol{v} \rangle$$

となって係数が共役になる[6)]．しかし，第 2 要素に関する加法性については，以下のように $\mathbb{C}$ 上でもそのまま成立する．

演習問題 5.1 内積の第 2 要素に関する加法性

内積の定義では内積の鉤括弧の第 1 要素の加法性 (条件 4) しか要請していないが，($\mathbb{R}$ 上でも $\mathbb{C}$ 上でも) 第 2 要素についても加法性 $\langle \boldsymbol{u}, \boldsymbol{v} + \boldsymbol{w} \rangle =$

6) 文献によっては，第 2 変数について条件 3, 4 を要請する流儀もある．この場合は本書とは逆に，$\langle \boldsymbol{u}, a\boldsymbol{v} \rangle = a\langle \boldsymbol{u}, \boldsymbol{v} \rangle$ が成り立つ一方，$\langle a\boldsymbol{u}, \boldsymbol{v} \rangle = \overline{a}\langle \boldsymbol{u}, \boldsymbol{v} \rangle$ が成り立つことになる．

$\langle \boldsymbol{u}, \boldsymbol{v} \rangle + \langle \boldsymbol{u}, \boldsymbol{w} \rangle$ が成り立つことを示せ．

5.2.2 コーシー-シュワルツの不等式と直交性

以下では特に断らない限り，内積は $\mathbb{C}$ 上で考えるが，実内積の場合も含まれていることになる．内積の重要な性質が次の不等式である．

定理 5.1 コーシー-シュワルツの不等式　内積空間 V の内積 $\langle \cdot, \cdot \rangle$ に対し，任意の $\boldsymbol{u}, \boldsymbol{v} \in V$ について，以下の不等式が成り立つ．

$$|\langle \boldsymbol{u}, \boldsymbol{v} \rangle| \leq \langle \boldsymbol{u}, \boldsymbol{u} \rangle^{1/2} \langle \boldsymbol{v}, \boldsymbol{v} \rangle^{1/2}.$$

証明　$\boldsymbol{v} = \boldsymbol{o}$ ならば定理の両辺は 0 で自明に成り立つから，$\boldsymbol{v} \neq \boldsymbol{o}$ を仮定して，

$$\boldsymbol{w} = \boldsymbol{u} - \frac{\langle \boldsymbol{u}, \boldsymbol{v} \rangle}{\langle \boldsymbol{v}, \boldsymbol{v} \rangle} \boldsymbol{v}$$

とおく (このおき方の意味はのちにわかる)．この $\boldsymbol{w}$ に対し，

$$\begin{aligned}
\langle \boldsymbol{w}, \boldsymbol{w} \rangle &= \langle \boldsymbol{u} - \frac{\langle \boldsymbol{u}, \boldsymbol{v} \rangle}{\langle \boldsymbol{v}, \boldsymbol{v} \rangle} \boldsymbol{v}, \boldsymbol{u} - \frac{\langle \boldsymbol{u}, \boldsymbol{v} \rangle}{\langle \boldsymbol{v}, \boldsymbol{v} \rangle} \boldsymbol{v} \rangle \\
&= \langle \boldsymbol{u}, \boldsymbol{u} \rangle - \langle \boldsymbol{u}, \frac{\langle \boldsymbol{u}, \boldsymbol{v} \rangle}{\langle \boldsymbol{v}, \boldsymbol{v} \rangle} \boldsymbol{v} \rangle - \langle \frac{\langle \boldsymbol{u}, \boldsymbol{v} \rangle}{\langle \boldsymbol{v}, \boldsymbol{v} \rangle} \boldsymbol{v}, \boldsymbol{u} \rangle + \langle \frac{\langle \boldsymbol{u}, \boldsymbol{v} \rangle}{\langle \boldsymbol{v}, \boldsymbol{v} \rangle} \boldsymbol{v}, \frac{\langle \boldsymbol{u}, \boldsymbol{v} \rangle}{\langle \boldsymbol{v}, \boldsymbol{v} \rangle} \boldsymbol{v} \rangle \\
&= \langle \boldsymbol{u}, \boldsymbol{u} \rangle - \overline{\left(\frac{\langle \boldsymbol{u}, \boldsymbol{v} \rangle}{\langle \boldsymbol{v}, \boldsymbol{v} \rangle} \right)} \langle \boldsymbol{u}, \boldsymbol{v} \rangle - \frac{\langle \boldsymbol{u}, \boldsymbol{v} \rangle}{\langle \boldsymbol{v}, \boldsymbol{v} \rangle} \overline{\langle \boldsymbol{u}, \boldsymbol{v} \rangle} + \frac{\langle \boldsymbol{u}, \boldsymbol{v} \rangle}{\langle \boldsymbol{v}, \boldsymbol{v} \rangle} \overline{\left(\frac{\langle \boldsymbol{u}, \boldsymbol{v} \rangle}{\langle \boldsymbol{v}, \boldsymbol{v} \rangle} \right)} \langle \boldsymbol{v}, \boldsymbol{v} \rangle \\
&= \langle \boldsymbol{u}, \boldsymbol{u} \rangle - 2 \frac{|\langle \boldsymbol{u}, \boldsymbol{v} \rangle|^2}{\langle \boldsymbol{v}, \boldsymbol{v} \rangle} + \frac{|\langle \boldsymbol{u}, \boldsymbol{v} \rangle|^2}{\langle \boldsymbol{v}, \boldsymbol{v} \rangle} = \langle \boldsymbol{u}, \boldsymbol{u} \rangle - \frac{|\langle \boldsymbol{u}, \boldsymbol{v} \rangle|^2}{\langle \boldsymbol{v}, \boldsymbol{v} \rangle}.
\end{aligned}$$

内積の定義より $\langle \boldsymbol{w}, \boldsymbol{w} \rangle \geq 0$ だから，定理の主張が従う．□

ノルムから自然に距離が定義されたように，内積から

$$\|\boldsymbol{u}\| = \sqrt{\langle \boldsymbol{u}, \boldsymbol{u} \rangle} = \langle \boldsymbol{u}, \boldsymbol{u} \rangle^{1/2}$$

によって $\|\cdot\|$ を定義すると確かにノルムであることがコーシー-シュワルツの不等式からわかる．実際，

$$\begin{aligned}
\|\boldsymbol{u} + \boldsymbol{v}\|^2 &= \langle \boldsymbol{u} + \boldsymbol{v}, \boldsymbol{u} + \boldsymbol{v} \rangle = \langle \boldsymbol{u}, \boldsymbol{u} \rangle + \langle \boldsymbol{u}, \boldsymbol{v} \rangle + \langle \boldsymbol{v}, \boldsymbol{u} \rangle + \langle \boldsymbol{v}, \boldsymbol{v} \rangle \\
&= \langle \boldsymbol{u}, \boldsymbol{u} \rangle + \langle \boldsymbol{u}, \boldsymbol{v} \rangle + \overline{\langle \boldsymbol{u}, \boldsymbol{v} \rangle} + \langle \boldsymbol{v}, \boldsymbol{v} \rangle
\end{aligned}$$

$$= \|\boldsymbol{u}\|^2 + 2\,\mathrm{Re}\langle \boldsymbol{u}, \boldsymbol{v}\rangle + \|\boldsymbol{v}\|^2 \leq \|\boldsymbol{u}\|^2 + 2|\langle \boldsymbol{u}, \boldsymbol{v}\rangle| + \|\boldsymbol{v}\|^2$$
$$\leq \|\boldsymbol{u}\|^2 + 2\|\boldsymbol{u}\|\|\boldsymbol{v}\| + \|\boldsymbol{v}\|^2 = (\|\boldsymbol{u}\| + \|\boldsymbol{v}\|)^2$$

となって三角不等式が確認でき，他の性質はすぐわかる．

このノルムを，内積から自然に定義されたノルムと言う．通常，内積空間ではその内積から自然に定義されたノルムと，さらにそのノルムから自然に定義された距離を考えるので，この距離を内積から自然に定義された距離と言う．

上の三角不等式の計算を見直してみると，$\langle \boldsymbol{u}, \boldsymbol{v}\rangle = 0$ ならば，以下の「ピタゴラスの定理」が成り立つことがわかる．

定理 5.2　ピタゴラスの定理　内積空間 V のベクトル $\boldsymbol{u}, \boldsymbol{v}$ が $\langle \boldsymbol{u}, \boldsymbol{v}\rangle = 0$ を満たすならば，

$$\|\boldsymbol{u} + \boldsymbol{v}\|^2 = \|\boldsymbol{u}\|^2 + \|\boldsymbol{v}\|^2.$$

この定理より以下の定義は自然だろう．

定義 5.4　直交性　内積空間のベクトル $\boldsymbol{u}, \boldsymbol{v}$ が $\langle \boldsymbol{u}, \boldsymbol{v}\rangle = 0$ の関係にあるとき，$\boldsymbol{u}, \boldsymbol{v}$ は直交していると言う．

コーシー-シュワルツの不等式 (定理 5.1) より $|\langle \boldsymbol{u}, \boldsymbol{v}\rangle| \leq \|\boldsymbol{u}\|\|\boldsymbol{v}\|$ だから，実数上の内積空間についてはさらに，ユークリッド空間の類推から，$\cos\theta = \langle \boldsymbol{u}, \boldsymbol{v}\rangle/(\|\boldsymbol{u}\|\|\boldsymbol{v}\|)$ によって，角度 θ を導入することもできる．

内積空間においては，内積からノルム，距離が自然に定義されるばかりか，直交性のような角度概念も導入されるため，ユークリッド空間での直観が通用することが多い．

例えば，上のコーシー-シュワルツの不等式 (定理 5.1) の証明での $\boldsymbol{w}$ の巧妙なおき方は，実はこの直交性を用いて，$\boldsymbol{u}$ を $\boldsymbol{v}$ の方向と $\boldsymbol{v}$ に直交する方向とに分解したのだった．このアイデアはあとの第 5.4 節で一般化される．

5.2.3 内積の例

いくつか内積と内積空間の例を挙げておこう．コーシー-シュワルツの不等式

の役割にも注意されたい．

例 5.4　ユークリッド空間の内積　座標空間 $\mathbb{R}^n$ においては，ベクトル $\boldsymbol{a} = (a_1, \ldots, a_n), \boldsymbol{b} = (b_1, \ldots, b_n)$ に対して，いわゆるユークリッド内積 $\langle \boldsymbol{a}, \boldsymbol{b} \rangle_E = \sum_{j=1}^n a_j b_j$ が想定されていることが多い．これが内積の定義を満たすことはほぼ明らか．この内積から自然に定義されたノルムと距離が例 5.1 のユークリッドノルムとユークリッド距離に他ならない．

また，座標空間 $\mathbb{C}^n$ においても，$\langle \boldsymbol{a}, \boldsymbol{b} \rangle = \sum_{j=1}^n a_j \overline{b_j}$ とおけば同様に内積となり，自然にノルムや距離が導入できる．

例 5.5　l^2 空間の内積　例 5.2 で見た数列の l^p 空間で特に $p = 2$ のとき，つまり，$\sum_{n=1}^\infty |a_n|^2 < \infty$ であるような数列 $\{a_n\}$ の全体の空間 l^2 (l^2 空間) では，数列 $\{a_n\}, \{b_n\}$ に対し，

$$\langle \{a_n\}, \{b_n\} \rangle = \sum_{n=1}^\infty a_n \overline{b_n} \quad (\text{実数列の場合は } \textstyle\sum_{n=1}^\infty a_n b_n)$$

と定めることで内積が定義できる．なぜなら，この右辺はコーシー-シュワルツの不等式 (定理 5.1) より，

$$\sum_{n=1}^\infty a_n \overline{b_n} \leq \sum_{n=1}^\infty |a_n \overline{b_n}| \leq \left\{ \sum_{n=1}^\infty |a_n|^2 \right\}^{1/2} \left\{ \sum_{n=1}^\infty |b_n|^2 \right\}^{1/2} < \infty$$

と有限値に定まり，また内積の定義を満たすことはすぐわかる．

例 5.6　L^2 空間の内積　例 5.3 で見た関数の L^p 空間で特に $p = 2$ のとき，つまり，$\int_I |f(x)|^2 dx < \infty$ であるような関数の全体の空間 L^2 (L^2 空間) では，関数 $f, g \in L^2$ に対し，

$$\langle f, g \rangle = \int_I f(x) \overline{g(x)} dx \quad (\text{実数値の場合は } \textstyle\int_I f(x) g(x) dx)$$

と定めることで内積が定義できる．なぜなら，この右辺はコーシー-シュワルツの不等式 (定理 5.1) より，

$$\left| \int_I f(x) \overline{g(x)} dx \right| \leq \int_I |f(x)||g(x)| dx$$

$$\leq \left\{\int_I |f(x)|^2 dx\right\}^{1/2} \left\{\int_I |g(x)|^2 dx\right\}^{1/2} < \infty$$

と有限値に定まり，また内積の定義を満たすことはすぐわかる．

$p \neq 2$ のときの l^p 空間や L^p 空間では，上のような内積を定義できない．この意味で，l^2, L^2 空間は l^p, L^p 空間の中で特別に性質の良い線形空間である．ノルム空間とバナッハ空間の対応と同じ意味で，完備性を持つ内積空間はさらに性質の良い空間なので，「ヒルベルト空間」という特別な名前が与えられている．この厳密な定義やその性質についても関数解析の入門書にゆずる．

5.3 正規直交基底

5.3.1 (正規) 直交基底

有限次元の線形空間では基底が存在するのだったが (定理 1.11)，内積空間では，計量の意味で特に性質の良い基底を考えることができる．

定義 5.5 直交基底と正規直交基底 有限次元の内積空間のベクトルの組 $\{\boldsymbol{e}_1, \ldots, \boldsymbol{e}_n\}$ が，互いに直交したベクトルからなるとき，つまり，$i \neq j$ ならば $\langle \boldsymbol{e}_i, \boldsymbol{e}_j \rangle = 0$ であるとき，直交である，または直交性を持つと言う．直交性を持つ基底を直交基底と言う．

また，直交である上に各ベクトルのノルムが 1 のとき，つまり $\langle \boldsymbol{e}_i, \boldsymbol{e}_j \rangle = \delta_{ij}$ のとき (δ_{ij} はクロネッカーのデルタ (p.62))，正規直交である，または正規直交性を持つと言う．正規直交性を持つ基底を正規直交基底と言う．

$(\boldsymbol{e}_1, \ldots, \boldsymbol{e}_n)$ が直交基底ならば，任意のベクトル $\boldsymbol{u}, \boldsymbol{v}$ を

$$\boldsymbol{u} = u_1\boldsymbol{e}_1 + \cdots + u_n\boldsymbol{e}_n, \quad \boldsymbol{v} = v_1\boldsymbol{e}_1 + \cdots + v_n\boldsymbol{e}_n$$

と書くとき，

$$\begin{aligned}\langle \boldsymbol{u}, \boldsymbol{v} \rangle &= \langle u_1\boldsymbol{e}_1 + \cdots + u_n\boldsymbol{e}_n, v_1\boldsymbol{e}_1 + \cdots + v_n\boldsymbol{e}_n \rangle \\ &= \sum_{j=1}^{n} u_j\overline{v_j}\langle \boldsymbol{e}_j, \boldsymbol{e}_j \rangle + \sum_{i \neq j} u_i\overline{v_j}\langle \boldsymbol{e}_i, \boldsymbol{e}_j \rangle = \sum_{j=1}^{n} u_j\overline{v_j}\|\boldsymbol{e}_j\|^2\end{aligned}$$

と簡潔に表せ，さらに正規直交基底ならば，

$$\langle \boldsymbol{u}, \boldsymbol{v} \rangle = \sum_{j=1}^{n} u_j \overline{v_j}, \quad \text{特に,} \quad \|\boldsymbol{u}\| = \langle \boldsymbol{u}, \boldsymbol{u} \rangle^{1/2} = \left\{ \sum_{j=1}^{n} |u_j|^2 \right\}^{1/2}$$

となって，まことに都合が良い．つまり，正規直交基底においてベクトルの計量は，ユークリッド空間でのように扱える．特に重要なのは，上で用いた正規直交基底に関する成分表示が，以下の表現定理で得られることである．

定理 5.3　正規直交基底による表現定理　$(\boldsymbol{e}_1, \ldots, \boldsymbol{e}_n)$ が有限次元線形空間 V の正規直交基底ならば，任意のベクトル $\boldsymbol{v} \in V$ は，

$$\boldsymbol{v} = \langle \boldsymbol{v}, \boldsymbol{e}_1 \rangle \boldsymbol{e}_1 + \cdots + \langle \boldsymbol{v}, \boldsymbol{e}_n \rangle \boldsymbol{e}_n \tag{5.1}$$

と書ける．ゆえに，

$$\|\boldsymbol{v}\|^2 = |\langle \boldsymbol{v}, \boldsymbol{e}_1 \rangle|^2 + \cdots + |\langle \boldsymbol{v}, \boldsymbol{e}_n \rangle|^2. \tag{5.2}$$

証明　$(\boldsymbol{e}_1, \ldots, \boldsymbol{e}_n)$ が基底であることより，$\boldsymbol{v} = v_1 \boldsymbol{e}_1 + \cdots + v_n \boldsymbol{e}_n$ と書ける．これと基底ベクトルの 1 つ $\boldsymbol{e}_j$ との内積をとると，$\langle \boldsymbol{e}_i, \boldsymbol{e}_j \rangle = \delta_{ij}$ だから，

$$\langle \boldsymbol{v}, \boldsymbol{e}_j \rangle = \langle v_1 \boldsymbol{e}_1 + \cdots + v_n \boldsymbol{e}_n, \boldsymbol{e}_j \rangle = v_1 \langle \boldsymbol{e}_1, \boldsymbol{e}_j \rangle + \cdots + v_n \langle \boldsymbol{e}_n, \boldsymbol{e}_j \rangle = v_j.$$

よって，(5.1) が成り立つ．(5.2) については，定理の前に計算したように，$\langle \boldsymbol{v}, \boldsymbol{v} \rangle = \sum |v_j|^2$ だから，この表現より直ちに従う．　□

では，有限次元の内積空間において，常に直交基底や正規直交基底が存在するだろうか．ノルムはスカラー倍で 1 にそろえられるから，問題は直交基底の存在である．以下で，この答が肯定的であることを示す．まず，直交性から独立性が導かれることに注意しておく．

定理 5.4　直交性と独立性　正規直交なベクトルの組 $\{\boldsymbol{e}_1, \ldots, \boldsymbol{e}_n\}$ は独立でもある．

証明　この組と $a_j \in F$ の線形結合について $a_1 \boldsymbol{e}_1 + \cdots + a_n \boldsymbol{e}_n = \boldsymbol{o}$ ならば，

$$0 = \|a_1 \boldsymbol{e}_1 + \cdots + a_n \boldsymbol{e}_n\|^2 = |a_1|^2 + \cdots + |a_n|^2$$

だから，$a_1 = \cdots = a_n = 0$. ゆえに，これらのベクトルの組は独立. □

5.3.2 グラム-シュミットの直交化

次に以下の定理で，独立なベクトルの組から正規直交な組を構成する.

定理 5.5 グラム-シュミットの直交化 内積空間 V のベクトルの組 $\{\boldsymbol{v}_1, \ldots, \boldsymbol{v}_n\}$ が独立ならば，正規直交な組 $\{\boldsymbol{e}_1, \ldots, \boldsymbol{e}_n\}$ で各 $j = 1, \ldots, n$ に対し $\mathrm{span}\{\boldsymbol{e}_1, \ldots, \boldsymbol{e}_j\} = \mathrm{span}\{\boldsymbol{v}_1, \ldots, \boldsymbol{v}_j\}$ となるものが存在する.

証明 組 $\{\boldsymbol{v}_1, \ldots, \boldsymbol{v}_n\}$ から，正規直交な組 $\{\boldsymbol{e}_1, \ldots, \boldsymbol{e}_n\}$ を実際に構成することで証明する (この手続きを「グラム-シュミットの直交化」と言う).

まず，$\boldsymbol{e}_1 = \boldsymbol{v}_1/\|\boldsymbol{v}_1\|$ とおく．もちろん，$\|\boldsymbol{e}_1\| = 1$ である.

そして帰納的に (つまり，$j = 2$ から順に $j = n$ まで),

$$\boldsymbol{e}_j = \frac{\boldsymbol{v}_j - (\langle \boldsymbol{v}_j, \boldsymbol{e}_1\rangle \boldsymbol{e}_1 + \cdots + \langle \boldsymbol{v}_j, \boldsymbol{e}_{j-1}\rangle \boldsymbol{e}_{j-1})}{\|\boldsymbol{v}_j - (\langle \boldsymbol{v}_j, \boldsymbol{e}_1\rangle \boldsymbol{e}_1 + \cdots + \langle \boldsymbol{v}_j, \boldsymbol{e}_{j-1}\rangle \boldsymbol{e}_{j-1})\|} \tag{5.3}$$

とおく．$\boldsymbol{v}_j \notin \mathrm{span}\{\boldsymbol{v}_1, \ldots, \boldsymbol{v}_{j-1}\}$ より，$\boldsymbol{v}_j \notin \mathrm{span}\{\boldsymbol{e}_1, \ldots, \boldsymbol{e}_{j-1}\}$ だから，上式の右辺分母は 0 でなく，$\boldsymbol{e}_j$ は正しく定義されていることに注意せよ.

こうして決めた $\{\boldsymbol{e}_1, \ldots, \boldsymbol{e}_n\}$ が求める性質を持つことを以下で確認しよう.

まず，上式 (5.3) の分母は分子ベクトルのノルムだから，任意の j について $\|\boldsymbol{e}_j\| = 1$ は明らか．また，任意の $i < j$ に対し,

$$\begin{aligned}\langle \boldsymbol{e}_j, \boldsymbol{e}_i\rangle &= \left\langle \frac{\boldsymbol{v}_j - (\langle \boldsymbol{v}_j, \boldsymbol{e}_1\rangle \boldsymbol{e}_1 + \cdots + \langle \boldsymbol{v}_j, \boldsymbol{e}_{j-1}\rangle \boldsymbol{e}_{j-1})}{\|\boldsymbol{v}_j - (\langle \boldsymbol{v}_j, \boldsymbol{e}_1\rangle \boldsymbol{e}_1 + \cdots + \langle \boldsymbol{v}_j, \boldsymbol{e}_{j-1}\rangle \boldsymbol{e}_{j-1})\|}, \boldsymbol{e}_i \right\rangle \\ &= \frac{\langle \boldsymbol{v}_j, \boldsymbol{e}_i\rangle - \langle \boldsymbol{v}_j, \boldsymbol{e}_i\rangle \langle \boldsymbol{e}_i, \boldsymbol{e}_i\rangle}{\|\cdots\cdots\|} = \frac{\langle \boldsymbol{v}_j, \boldsymbol{e}_i\rangle - \langle \boldsymbol{v}_j, \boldsymbol{e}_i\rangle}{\|\cdots\cdots\|} = 0\end{aligned}$$

だから直交．よって，$\{\boldsymbol{e}_1, \ldots, \boldsymbol{e}_n\}$ は正規直交.

上式 (5.3) より，各 j について $\boldsymbol{v}_j \in \mathrm{span}\{\boldsymbol{e}_1, \ldots, \boldsymbol{e}_j\}$ だから，$\mathrm{span}\{\boldsymbol{v}_1, \ldots, \boldsymbol{v}_{j-1}\} = \mathrm{span}\{\boldsymbol{e}_1, \ldots, \boldsymbol{e}_{j-1}\}$ ならば，$\mathrm{span}\{\boldsymbol{v}_1, \ldots, \boldsymbol{v}_j\} \subset \mathrm{span}\{\boldsymbol{e}_1, \ldots, \boldsymbol{e}_j\}$. しかし，どちらの組も線形独立だから次元は等しく (定理 5.4)，両辺の線形空間は等しい．よって，$j = 1, \ldots, n$ について帰納的に $\mathrm{span}\{\boldsymbol{v}_1, \ldots, \boldsymbol{v}_j\} = \mathrm{span}\{\boldsymbol{e}_1, \ldots, \boldsymbol{e}_j\}$. □

以上より，次元と同じ個数の正規直交するベクトルの組を基底から構成できて，定理 5.4 よりこれらは独立だから，再び基底でもある．すなわち,

定理 5.6　有限次元の内積空間には正規直交基底が存在する．

5.4 射影

5.4.1 射影と直交分解

内積による直交概念の最も重要な応用は「射影」である．実は，コーシー-シュワルツの不等式 (定理 5.1) の証明でも，グラム-シュミットの直交化 (定理 5.5) の証明においても，この「射影」が暗に用いられていた．

まず，基本的な場合であるベクトルへの射影から見ていこう．

定義 5.6　ベクトルへの射影と直交分解　内積空間 V のベクトル $\boldsymbol{u}, \boldsymbol{v}$ について，$\boldsymbol{u} \neq \boldsymbol{o}$ のとき，

$$\boldsymbol{v} = \frac{\langle \boldsymbol{v}, \boldsymbol{u} \rangle}{\|\boldsymbol{u}\|^2}\boldsymbol{u} + \boldsymbol{w}, \tag{5.4}$$

で $\boldsymbol{w} \in V$ を定める．このとき，第1項 $\langle \boldsymbol{v}, \boldsymbol{u} \rangle \boldsymbol{u}/\|\boldsymbol{u}\|^2$ のことを $\boldsymbol{v}$ の $\boldsymbol{u}$ への (直交) 射影，もしくは射影ベクトルと言う．また，この射影によって，$\boldsymbol{v}$ を (5.4) の形に書くことを $\boldsymbol{v}$ の $\boldsymbol{u}$ に対する直交分解と言う．

$(\langle \boldsymbol{v}, \boldsymbol{u} \rangle/\|\boldsymbol{u}\|^2)\boldsymbol{u}$ は $\boldsymbol{u}$ のスカラー倍であり，しかも，

$$\langle \boldsymbol{w}, \boldsymbol{u} \rangle = \langle \boldsymbol{v} - \frac{\langle \boldsymbol{v}, \boldsymbol{u} \rangle}{\|\boldsymbol{u}\|^2}\boldsymbol{u}, \boldsymbol{u} \rangle = \langle \boldsymbol{v}, \boldsymbol{u} \rangle - \langle \boldsymbol{v}, \boldsymbol{u} \rangle \frac{\langle \boldsymbol{u}, \boldsymbol{u} \rangle}{\|\boldsymbol{u}\|^2} = \langle \boldsymbol{v}, \boldsymbol{u} \rangle - \langle \boldsymbol{v}, \boldsymbol{u} \rangle = 0$$

より $\boldsymbol{w}$ は $\boldsymbol{u}$ に直交している．つまり，$\boldsymbol{v}$ を $\boldsymbol{u}$ 方向のベクトル (射影ベクトル) と，それに直交するベクトルの和に分解するのが直交分解である．

このベクトルへの射影の概念を拡張して，線形部分空間への射影を考えたい．つまり，U を内積空間 V の ($\{\boldsymbol{o}\}$ でない) 線形部分空間とするとき，任意のベクトル $\boldsymbol{v} \in V$ を，U に含まれるベクトル $\boldsymbol{u} \in U$ と，「線形部分空間 U に直交する」ベクトル $\boldsymbol{w}$ の和で $\boldsymbol{v} = \boldsymbol{u} + \boldsymbol{w}$ と分解したい．

線形部分空間 U に直交する，とは，その任意のベクトル $\boldsymbol{u} \in U$ に直交することであると考えるのが自然だろう．U が有限次元であるときには，以下のよ

うに上の定義を拡張できる.

定義 5.7 線形部分空間への射影と直交分解 内積空間 V のベクトル $\boldsymbol{v}$ について, V の ($\{\boldsymbol{o}\}$ でない) 有限次元線形部分空間 U の正規直交基底 $(\boldsymbol{e}_1, \ldots, \boldsymbol{e}_m)$ に対し,

$$\boldsymbol{v} = (\langle \boldsymbol{v}, \boldsymbol{e}_1 \rangle \boldsymbol{e}_1 + \cdots + \langle \boldsymbol{v}, \boldsymbol{e}_m \rangle \boldsymbol{e}_m) + \boldsymbol{w} \tag{5.5}$$

で $\boldsymbol{w} \in V$ を定める. このとき, $\boldsymbol{v}' = \langle \boldsymbol{v}, \boldsymbol{e}_1 \rangle \boldsymbol{e}_1 + \cdots + \langle \boldsymbol{v}, \boldsymbol{e}_m \rangle \boldsymbol{e}_m \in U$ を $\boldsymbol{v}$ の線形部分空間 U への (直交) 射影, もしくは射影ベクトルと言い, $\boldsymbol{v}' = \Pi_U \boldsymbol{v}$ と書く.

また, この射影によって $\boldsymbol{v}$ を (5.5) の形, つまり $\boldsymbol{v} = \Pi_U \boldsymbol{v} + \boldsymbol{w}$ と書くことを $\boldsymbol{v}$ の線形部分空間 U に対する直交分解と言う.

(記号 Π は既に定理 3.18 の証明の中で用いられていた. そこでの Π も実は射影だったのである)

上の定義の根拠は, 以下のように, 上式 (5.5) で定めた $\boldsymbol{w} = \boldsymbol{v} - \boldsymbol{v}'$ が任意の $\boldsymbol{u} \in U$ に直交していることである.

定理 5.7 内積空間 V の ($\{\boldsymbol{o}\}$ でない) 有限次元線形部分空間 U の正規直交基底を $(\boldsymbol{e}_1, \ldots, \boldsymbol{e}_m)$ とするとき, $\boldsymbol{v} \in V$ に対し, 上式 (5.5) で定義されるベクトル $\boldsymbol{w} = \boldsymbol{v} - \Pi_U \boldsymbol{v}$ は, 任意の $\boldsymbol{u} \in U$ に直交する.

証明 $\boldsymbol{u} \in U$ を $\boldsymbol{u} = u_1 \boldsymbol{e}_1 + \cdots + u_m \boldsymbol{e}_m$ と書くと, $\langle \boldsymbol{u}, \boldsymbol{e}_j \rangle = u_j$ より,

$$\begin{aligned}\langle \boldsymbol{u}, \Pi_U \boldsymbol{v} \rangle &= \langle \boldsymbol{u}, \langle \boldsymbol{v}, \boldsymbol{e}_1 \rangle \boldsymbol{e}_1 + \cdots + \langle \boldsymbol{v}, \boldsymbol{e}_m \rangle \boldsymbol{e}_m \rangle \\ &= \langle u_1 \boldsymbol{e}_1 + \cdots + u_m \boldsymbol{e}_m, \langle \boldsymbol{v}, \boldsymbol{e}_1 \rangle \boldsymbol{e}_1 + \cdots + \langle \boldsymbol{v}, \boldsymbol{e}_m \rangle \boldsymbol{e}_m \rangle \\ &= u_1 \overline{\langle \boldsymbol{v}, \boldsymbol{e}_1 \rangle} + \cdots + u_m \overline{\langle \boldsymbol{v}, \boldsymbol{e}_m \rangle}.\end{aligned}$$

同様に $\langle \boldsymbol{u}, \boldsymbol{v} \rangle = u_1 \overline{\langle \boldsymbol{v}, \boldsymbol{e}_1 \rangle} + \cdots + u_m \overline{\langle \boldsymbol{v}, \boldsymbol{e}_m \rangle}$ だから,

$$\langle \boldsymbol{u}, \boldsymbol{w} \rangle = \langle \boldsymbol{u}, \boldsymbol{v} - \Pi_U \boldsymbol{v} \rangle = \langle \boldsymbol{u}, \boldsymbol{v} \rangle - \langle \boldsymbol{u}, \Pi_U \boldsymbol{v} \rangle = 0.$$

□

グラム-シュミットの直交化 (定理 5.5) は, この線形部分空間への射影を用い

て帰納的に直交ベクトルを作り出していたのである.

5.4.2 直交補空間

以上の概念は，さらに以下の「直交補空間」を用いて抽象化できる.

定義 5.8　直交補空間　内積空間 V の線形部分空間 U に対し，U の任意のベクトルと直交するような V のベクトルの集合 $U^{\perp}$, つまり,

$$U^{\perp} = \{\boldsymbol{v} \in V \mid \text{任意の } \boldsymbol{u} \in U \text{ について } \langle \boldsymbol{v}, \boldsymbol{u} \rangle = 0\}$$

のことを U の直交補空間と言う.

以下のように，直交補空間は V の線形部分空間でもある.

定理 5.8　内積空間 V の線形部分空間 U の直交補空間 $U^{\perp}$ は V の線形部分空間である.

証明　任意の $\boldsymbol{u} \in U$ に対し $\langle \boldsymbol{o}, \boldsymbol{u} \rangle = 0$ だから $\boldsymbol{o} \in U^{\perp}$.

また，$\langle \boldsymbol{v}, \boldsymbol{u} \rangle = 0$ ならば，スカラー $a \in F$ に対し，$\langle a\boldsymbol{v}, \boldsymbol{u} \rangle = a\langle \boldsymbol{v}, \boldsymbol{u} \rangle = 0$ だから，$\boldsymbol{v} \in U^{\perp}$ ならば $a\boldsymbol{v} \in U^{\perp}$.

さらに，$\langle \boldsymbol{v}, \boldsymbol{u} \rangle = 0$ かつ $\langle \boldsymbol{v}', \boldsymbol{u} \rangle = 0$ ならば，$\langle \boldsymbol{v}+\boldsymbol{v}', \boldsymbol{u} \rangle = \langle \boldsymbol{v}, \boldsymbol{u} \rangle + \langle \boldsymbol{v}', \boldsymbol{u} \rangle = 0$ だから，$\boldsymbol{v}, \boldsymbol{v}' \in U^{\perp}$ ならば $\boldsymbol{v} + \boldsymbol{v}' \in U^{\perp}$.　□

任意のベクトルが線形部分空間のベクトルとその直交補空間のベクトルの和で一意的に書ける，という意味で，以下の定理は直交分解の抽象化である.

定理 5.9　直交分解　内積空間 V の有限次元線形部分空間 U とその直交補空間 $U^{\perp}$ について，$V = U \oplus U^{\perp}$ が成り立つ.

証明　U は有限次元だからその正規直交基底 $(\boldsymbol{e}_1, \cdots, \boldsymbol{e}_m)$ が存在する (定理 5.6). 任意の $\boldsymbol{v} \in V$ を $\Pi_U \boldsymbol{v} = \langle \boldsymbol{v}, \boldsymbol{e}_1 \rangle \boldsymbol{e}_1 + \cdots + \langle \boldsymbol{v}, \boldsymbol{e}_m \rangle \boldsymbol{e}_m \in U$ を用いて，$\boldsymbol{v} = \Pi_U \boldsymbol{v} + \boldsymbol{w}$ と書く．この $\boldsymbol{w} = \boldsymbol{v} - \Pi_U \boldsymbol{v}$ は定理 5.7 より，U の任意のベクトルに直交するから $\boldsymbol{w} \in U^{\perp}$. よって，任意の $\boldsymbol{v} \in V$ が U のベクトルと

$U^\perp$ のベクトルの和で書けるので，$V = U + U^\perp$.

しかし，$\boldsymbol{x} \in U \cap U^\perp$ ならば，直交補空間の定義 5.8 より $\langle \boldsymbol{x}, \boldsymbol{x} \rangle = 0$ だから，$\boldsymbol{x} = \boldsymbol{o}$. よって $U \cap U^\perp = \{\boldsymbol{o}\}$. ゆえに定理 1.3 より $V = U \oplus U^\perp$. □

理論的にも応用の場面でも，V の線形部分空間 U のベクトルの中で，V の特定のベクトル $\boldsymbol{v} \in V$ に最も距離が近いものを考えたいことがよくある．実はこの最小化問題の答が射影で与えられる．

定理 5.10　射影と最小化問題　U を内積空間 V の有限次元線形部分空間とする．各 $\boldsymbol{v} \in V$ に対し，$\|\boldsymbol{v} - \Pi_U \boldsymbol{v}\| \leq \|\boldsymbol{v} - \boldsymbol{u}\|$ が任意の $\boldsymbol{u} \in U$ について成り立つ．しかも，等号成立と $\boldsymbol{u} = \Pi_U \boldsymbol{v}$ は同値．

証明　任意の $\boldsymbol{u} \in U$ について，

$$
\begin{aligned}
\|\boldsymbol{v} - \boldsymbol{u}\|^2 &= \|(\boldsymbol{v} - \Pi_U \boldsymbol{v}) + (\Pi_U \boldsymbol{v} - \boldsymbol{u})\|^2 \\
&= \|\boldsymbol{v} - \Pi_U \boldsymbol{v}\|^2 + \|\Pi_U \boldsymbol{v} - \boldsymbol{u}\|^2 \geq \|\boldsymbol{v} - \Pi_U \boldsymbol{v}\|^2
\end{aligned}
$$

ここで 2 行目の等号は $\boldsymbol{v} - \Pi_U \boldsymbol{v} \in U^\perp, \Pi_U \boldsymbol{v} - \boldsymbol{u} \in U$ よりピタゴラスの定理 (定理 5.2)．最後の不等号が等号になるのは，$\|\Pi_U \boldsymbol{v} - \boldsymbol{u}\|^2 = 0$ のときだから，ノルムの性質より $\boldsymbol{u} = \Pi_U \boldsymbol{v}$. □

5.5 双対性とスペクトル定理

5.5.1 内積空間上の線形汎関数と随伴

V の双対空間 V^*，つまり V から F への線形汎関数の空間について (第 2.1.4 項)，有限次元線形空間 V が内積空間でもあるときは，興味深く，応用の範囲も広い様々な情報が得られる．

例えば，V と $V^* = \mathcal{L}(V; F)$ との間に，以下の強力な定理が成り立つ．

定理 5.11　線形汎関数の表現定理　V を F 上の有限次元内積空間とするとき，各 $l \in V^*$ に対し，任意の $\boldsymbol{v} \in V$ について

$$
l(\boldsymbol{v}) = \langle \boldsymbol{v}, \boldsymbol{a} \rangle \tag{5.6}
$$

であるような $\boldsymbol{a} \in V$ が一意的に存在する．

証明 V の正規直交基底 $(\boldsymbol{e}_1, \ldots, \boldsymbol{e}_n)$ に対し，任意の $\boldsymbol{v} \in V$ が $\boldsymbol{v} = \langle \boldsymbol{v}, \boldsymbol{e}_1 \rangle \boldsymbol{e}_1 + \cdots + \langle \boldsymbol{v}, \boldsymbol{e}_n \rangle \boldsymbol{e}_n$ と書けることに注意して (定理 5.3)，

$$\begin{aligned} l(\boldsymbol{v}) &= l(\langle \boldsymbol{v}, \boldsymbol{e}_1 \rangle \boldsymbol{e}_1 + \cdots + \langle \boldsymbol{v}, \boldsymbol{e}_n \rangle \boldsymbol{e}_n) \\ &= \langle \boldsymbol{v}, \boldsymbol{e}_1 \rangle l(\boldsymbol{e}_1) + \cdots + \langle \boldsymbol{v}, \boldsymbol{e}_n \rangle l(\boldsymbol{e}_n) = \langle \boldsymbol{v}, \overline{l(\boldsymbol{e}_1)} \boldsymbol{e}_1 + \cdots + \overline{l(\boldsymbol{e}_n)} \boldsymbol{e}_n \rangle. \end{aligned}$$

よって，この最右辺で $\boldsymbol{a} = \overline{l(\boldsymbol{e}_1)} \boldsymbol{e}_1 + \cdots + \overline{l(\boldsymbol{e}_n)} \boldsymbol{e}_n$ とおけば，この $\boldsymbol{a}$ が定理の関係 (5.6) を満たす．

一意性については，$\boldsymbol{a}, \boldsymbol{a}'$ がどちらも関係 (5.6) を満たすなら，$l(\boldsymbol{v}) = \langle \boldsymbol{v}, \boldsymbol{a} \rangle = \langle \boldsymbol{v}, \boldsymbol{a}' \rangle$ が任意の $\boldsymbol{v} \in V$ について成り立つから，$\langle \boldsymbol{v}, \boldsymbol{a} \rangle - \langle \boldsymbol{v}, \boldsymbol{a}' \rangle = \langle \boldsymbol{v}, \boldsymbol{a} - \boldsymbol{a}' \rangle = 0$ であるが，特に $\boldsymbol{v} = \boldsymbol{a} - \boldsymbol{a}'$ と選べば，$\boldsymbol{a} - \boldsymbol{a}' = \boldsymbol{o}$. よって，$\boldsymbol{a} = \boldsymbol{a}'$. □

この逆に，ある固定した $\boldsymbol{a} \in V$ について V から F への写像 $l(\boldsymbol{v}) = \langle \boldsymbol{v}, \boldsymbol{a} \rangle$ は (内積の定義より) 線形だから，V と V^* は内積を通して 1 対 1 に対応する．これより，内積空間をその上の線形汎関数を通して調べることができ，また逆に，線形汎関数を線形空間を通して調べることができるのである．

注意 5.1 無限次元の場合 この定理は任意の内積空間には一般化できないが，無限次元でも性質の良い内積空間，例えばヒルベルト空間では成り立つ．この「リースの表現定理」と呼ばれる主張は，関数解析学の重要な礎石の 1 つである．

上の表現定理の重要な帰結として，以下の定義が意味を持つ．

定義 5.9 随伴写像 有限次元内積空間 V から W への線形写像 L に対し，任意の $\boldsymbol{v} \in V$ と $\boldsymbol{w} \in W$ について

$$\langle L\boldsymbol{v}, \boldsymbol{w} \rangle = \langle \boldsymbol{v}, L^* \boldsymbol{w} \rangle \tag{5.7}$$

が成立するような線形写像 $L^* : W \to V$ のことを L の随伴，もしくは随伴写像と言う．

任意の $\boldsymbol{v} \in V$ について上の関係式 (5.7) が成立するような写像が一意的に存

在することは，上の表現定理 5.11 から保証される．実際，$\boldsymbol{v} \in V$ を $\langle L\boldsymbol{v}, \boldsymbol{w}\rangle$ に写す写像は線形汎関数だから，これに対して $L^*\boldsymbol{w} \in V$ が一意に存在して $\boldsymbol{v}$ との内積の形 $\langle \boldsymbol{v}, L^*\boldsymbol{w}\rangle$ に書けるのだった．

あとは，この写像が線形であることを示さなければならないが，定義式 (5.7) から以下のように簡単に確認できる．任意の $\boldsymbol{w}, \boldsymbol{w}'$ に対し，

$$\begin{aligned}\langle L\boldsymbol{v}, \boldsymbol{w}+\boldsymbol{w}'\rangle &= \langle L\boldsymbol{v}, \boldsymbol{w}\rangle + \langle L\boldsymbol{v}, \boldsymbol{w}'\rangle = \langle \boldsymbol{v}, L^*\boldsymbol{w}\rangle + \langle \boldsymbol{v}, L^*\boldsymbol{w}'\rangle \\ &= \langle \boldsymbol{v}, L^*\boldsymbol{w} + L^*\boldsymbol{w}'\rangle\end{aligned}$$

だから，$L^*(\boldsymbol{w}+\boldsymbol{w}') = L^*\boldsymbol{w} + L^*\boldsymbol{w}'$．また，任意の $k \in F$ について，

$$\langle L\boldsymbol{v}, k\boldsymbol{w}\rangle = \overline{k}\langle L\boldsymbol{v}, \boldsymbol{w}\rangle = \overline{k}\langle \boldsymbol{v}, L^*\boldsymbol{w}\rangle = \langle \boldsymbol{v}, kL^*\boldsymbol{w}\rangle$$

より，$k(L^*\boldsymbol{w}) = L^*(k\boldsymbol{w})$．

随伴を用いて以下のように特別に良い性質を持つ作用素を定義する．

定義 5.10 自己随伴作用素，正規作用素 内積空間 V 上の作用素 T とその随伴 T^* について，$T^* = T$ であるとき T を自己随伴作用素，もしくは自己共役作用素，エルミート作用素などと言う．

また，$TT^* = T^*T$ であるとき T を正規作用素と言う．

もちろん，$T^* = T$ なら自動的に $TT^* = T^*T$ だから，自己随伴作用素は正規作用素でもある．自己随伴作用素の本質的な例を挙げておこう．

例 5.7 自己随伴行列と対称行列 複素数を成分とする (n,n) 行列 $A = \{a_{ij}\}$ が，任意の $1 \leq i,j \leq n$ について $a_{ij} = \overline{a_{ji}}$ を満たすとき，自己随伴行列，またはエルミート行列と言う．また，任意の i,j について $a_{ij} = a_{ji}$ を満たすとき，対称行列と言うのだった (p.118)．もちろん，実行列が対称行列ならば自己随伴行列である．

有限次元内積空間 V において，ある正規直交基底のもとでの行列表示が自己随伴行列 (実内積空間の場合は対称行列) であるような作用素は，自己随伴作用素である．実際，

$$\langle M\boldsymbol{u}, \boldsymbol{v}\rangle = \sum_{i=1}^{n}\left(\sum_{j=1}^{n} a_{ij}u_j\right)\overline{v_i} = \sum_{i=1}^{n}\sum_{j=1}^{n}\overline{a_{ji}}u_j\overline{v_i}$$

$$= \sum_{j=1}^{n} u_j \left(\sum_{i=1}^{n} \overline{a_{ji}}\,\overline{v_i} \right) = \langle \boldsymbol{u}, M\boldsymbol{v} \rangle.$$

特に実対称行列の場合も同様.

上の計算からわかるように有限次元では，作用素を正規直交基底のもとで表した行列が自己随伴行列であることと，その作用素が自己随伴作用素であることは同値である.

5.5.2　自己随伴作用素の性質とスペクトル定理

自己随伴作用素や正規作用素の性質を行列と固有値によって調べることは，線形代数学の主要な応用先の 1 つである．本項では主に自己随伴作用素について，その基本的な性質をいくつか紹介する.

上の例 5.7 から，自己随伴作用素は自己随伴行列や対称行列のような綺麗な表現を持つので，色々な応用の場面に登場することは予想できる．しかし一方で，自己随伴作用素がなぜ「良い」作用素なのかは，一見してわからない．そこで，その鍵となる簡単な性質をまず見ておこう.

定理 5.12　(複素内積空間上でも) 自己随伴作用素の固有値は実数.

証明　自己随伴作用素 T の固有値を λ, 対応する固有ベクトルを $\boldsymbol{v}$ とすると,

$$\lambda\|\boldsymbol{v}\|^2 = \langle \lambda\boldsymbol{v}, \boldsymbol{v} \rangle = \langle T\boldsymbol{v}, \boldsymbol{v} \rangle = \langle \boldsymbol{v}, T\boldsymbol{v} \rangle = \langle \boldsymbol{v}, \lambda\boldsymbol{v} \rangle = \overline{\lambda}\|\boldsymbol{v}\|^2$$

だから，$\boldsymbol{v} \neq \boldsymbol{o}$ より $\lambda = \overline{\lambda}$ となって λ は実数.　□

上の定理は，もし固有値があれば実数だという主張で，固有値の存在については述べていない．実線形空間では固有値を持つとは限らないのだった (定理 3.17)．しかし，自己随伴作用素については以下のように固有値の存在が示せる.

定理 5.13　有限次元の実内積空間 V 上の自己随伴作用素 T は (少なくとも 1 つ) 固有値を持つ.

証明 定理 3.9, 3.17 と同じく，代数学の基本定理の系 (定理 0.3) を用いる．実際，証明は以下の分解を得るところまでは定理 3.17 とまったく同じである．

$$\begin{aligned}\boldsymbol{o} &= (a_0 I + a_1 T + \cdots + a_n T^n)\boldsymbol{v} \\ &= c(T-\lambda_1)\cdots(T-\lambda_l)(T^2+\alpha_1 T+\beta_1 I)\cdots(T^2+\alpha_m T+\beta_m I)\boldsymbol{v},\end{aligned}$$

ここに各 j について $\alpha_j, \beta_j, \lambda_j \in \mathbb{R}$ で，$\alpha_j^2 - 4\beta_j < 0$ であり，$c \neq 0$.

しかし，今回は自己随伴性から，この作用素 T の 2 次式の部分が可逆であることが示せて，少なくとも 1 つの j について $(T-\lambda_j I)$ の項があって可逆でない，つまり，固有値を持つことが証明される．

実際，零ベクトルでない $\boldsymbol{v} \in V$ について，T が自己随伴ならば，

$$\begin{aligned}&\langle (T^2+\alpha T+\beta I)\boldsymbol{v},\, \boldsymbol{v}\rangle = \langle T^2\boldsymbol{v},\, \boldsymbol{v}\rangle + \alpha\langle T\boldsymbol{v},\, \boldsymbol{v}\rangle + \beta\langle \boldsymbol{v},\, \boldsymbol{v}\rangle \\ &= \langle T\boldsymbol{v},\, T\boldsymbol{v}\rangle + \alpha\langle T\boldsymbol{v},\, \boldsymbol{v}\rangle + \beta\langle \boldsymbol{v},\, \boldsymbol{v}\rangle = \|T\boldsymbol{v}\|^2 + \alpha\langle T\boldsymbol{v},\, \boldsymbol{v}\rangle + \beta\|\boldsymbol{v}\|^2.\end{aligned}$$

よってコーシー-シュワルツの不等式 (定理 5.1) から，

$$\begin{aligned}\langle (T^2+\alpha T+\beta I)\boldsymbol{v},\, \boldsymbol{v}\rangle &\geq \|T\boldsymbol{v}\|^2 - |\alpha|\|T\boldsymbol{v}\|\|\boldsymbol{v}\| + \beta\|\boldsymbol{v}\|^2 \\ &= \left(\|T\boldsymbol{v}\| - \frac{1}{2}|\alpha|\|\boldsymbol{v}\|\right)^2 + \left(\beta - \frac{\alpha^2}{4}\right)\|\boldsymbol{v}\|^2 > 0.\end{aligned}$$

よって，零ベクトルでない任意の $\boldsymbol{v}$ について $(T^2+\alpha T+\beta I)\boldsymbol{v} \neq \boldsymbol{o}$ だから，$(T^2+\alpha T+\beta I)$ は単射であり，ゆえに定理 2.7 より可逆．□

複素線形空間上の作用素について，固有値の存在から対角行列への分解を示したときと同様に，自己随伴作用素についても，上の固有値の存在定理から次元の帰納法を用いて以下の分解が示せる．

定理 5.14　実スペクトル定理　有限次元の実内積空間 V 上の作用素 T が自己随伴作用素であることと，固有ベクトルからなる正規直交基底を持つことは同値．

証明 V が固有ベクトルからなる正規直交基底を持てば，この基底のもとで T は対角行列だから，$T^* = T$ であり自己随伴．

逆に T が自己随伴であるとする．V の次元についての帰納法で示そう．まず，$\dim V = 1$ のときは明らかであることに注意して，$\dim V = n > 1$ に対

し，$(n-1)$ 以下の次元では主張が成立していると仮定する．

上の定理 5.13 より，T は固有値を少なくとも 1 つ持つので，それを λ とし，$\boldsymbol{u} \in V$ を固有ベクトルとする．固有ベクトルは $\boldsymbol{o}$ ではないので，そのノルムで割ることで，$\|\boldsymbol{u}\| = 1$ であるように選べる．また，その固有値に属する 1 次元の固有空間を $U = \{k\boldsymbol{u} : k \in \mathbb{R}\}$ とし，$U^{\perp}$ をその直交補空間とする．

T が自己随伴であることより，任意の $\boldsymbol{v} \in U^{\perp}$ について，

$$\langle \boldsymbol{u}, T\boldsymbol{v} \rangle = \langle T\boldsymbol{u}, \boldsymbol{v} \rangle = \langle \lambda\boldsymbol{u}, \boldsymbol{v} \rangle = \lambda\langle \boldsymbol{u}, \boldsymbol{v} \rangle = 0$$

だから，$T\boldsymbol{v} \in U^{\perp}$．つまり，$U^{\perp}$ は T 不変である．ゆえに，$S = T|_{U^{\perp}}$ と定義域を $U^{\perp}$ に制限することで，作用素 $S \in \mathcal{L}(U^{\perp})$ が定義できる．

任意の $\boldsymbol{v}, \boldsymbol{w} \in U^{\perp}$ について，

$$\langle S\boldsymbol{v}, \boldsymbol{w} \rangle = \langle T\boldsymbol{v}, \boldsymbol{w} \rangle = \langle \boldsymbol{v}, T\boldsymbol{w} \rangle = \langle \boldsymbol{v}, S\boldsymbol{w} \rangle$$

だから，S も自己随伴である．よって，帰納法の仮定が使えて，S はその固有ベクトルが正規直交基底になる．S の固有ベクトルは明らかに T の固有ベクトルでもあるから，S の固有ベクトルらに $\boldsymbol{u}$ を加えたものが，T の固有ベクトルであって，V の正規直交基底をなす．　□

注意 5.2　複素スペクトル定理　実スペクトル定理に対して，有限次元の複素内積空間では，正規作用素であることと固有ベクトルが正規直交基底をなすことが同値である (複素スペクトル定理)．

実際，$TT^* = T^*T$ の関係から任意のベクトル $\boldsymbol{v}$ について $\|T\boldsymbol{v}\| = \|T^*\boldsymbol{v}\|$ が言え (もちろん自明でない)，これと複素線形空間上の作用素が上三角行列による表現を持つことから (定理 3.10)，この対角成分以外が 0 であることがわかる．つまり正規直交基底で対角化されるわけである．

第6章

線形代数から広がる世界

本章は，線形代数が他の分野にどのようにつながっているか，様々な例を並べたショウケースである．それぞれの節，項はおおむね独立した気楽な解説であるから，厳密な線形代数の議論に疲れたときの息抜きとして読んでもらうのもよいかと思う．

6.1 解析学

6.1.1 1次近似としての線形部分空間

多変数の関数を微分積分を用いて研究するための中心的なアイデアは，関数の局所的なふるまいを基本的な図形と，その上の簡単な写像で近似するということである．これは1変数の微分積分学が，各点での接線を考えることで関数を局所的には直線で近似できる，という発想から成り立っていることに対応している．この意味で，線形代数学は多変数解析学の基盤である．

この $\mathbb{R}^n$ での基本的な図形とは直線や平面を多次元化したもの，つまり線形部分空間である．これは m 個 $(1 \leq m \leq n)$ の独立なベクトル $\boldsymbol{a}_1, \cdots, \boldsymbol{a}_m$ で

$$P = \{t_1\boldsymbol{a}_1 + \cdots + t_m\boldsymbol{a}_m \,:\, t_1, \ldots, t_m \in \mathbb{R}\}$$

と書ける (具体的に用いられるのは，これを「現場」まで平行移動したもの)．

特によく用いられるのは，1次元である場合 (つまり直線) と，$n-1$ 次元の線形部分空間 (超平面ということが多い) である．後者は上のようにパラメータ表示で定義する他に，固定した $a_1, \ldots, a_n \in \mathbb{R}$ に対し，

$$H = \{(x_1, \ldots, x_n) : a_1x_1 + \cdots + a_nx_n = 0,\, x_1, \ldots, x_n \in \mathbb{R}\}$$

で決まる集合 H のように表すこともできる．

上の表式は1点毎をパラメータで指定できないが，H は1つの1次方程式の条件で束縛されたものであること，さらに，あるベクトル (上式の $(a_1, \ldots, a_n)$)

にユークリッド内積のもとで直交するもの全体，という意味が見やすい．

多変数の微分積分学では以上のような線形な図形によって，関数の形を局所的に近似する．おおまかに言えば，それが微分を考えることに相当する．

6.1.2　2 次近似としての 2 次曲面

1 変数の微分積分学では，微分を調べることによってその増減がわかり，2 階微分によってその関数が上/下に凸であるかどうか，を調べられたのだった．これは関数の局所的なふるまいを 2 次関数で近似したのだ，とも考えられる．

このアイデアを多変数の場合にも用いるならば，2 次曲面で近似することになる．線形代数は線形，つまり 1 次の世界なので，一見は不思議なことだが，2 次曲面も線形代数を用いて以下のように調べられる．

n 次元ユークリッド空間の点，$(x_1, \ldots, x_n) \in \mathbb{R}^n$ に対応するベクトル $\boldsymbol{x}$ と (n, n) 対称行列 $A = (a_{ij})$ に対して，

$$
{}^t\boldsymbol{x}A\boldsymbol{x} = \begin{bmatrix} x_1 & x_2 & \cdots & x_n \end{bmatrix} \begin{bmatrix} a_{11} & a_{12} & \cdots & a_{1n} \\ a_{12} & a_{22} & \cdots & a_{2n} \\ \vdots & \vdots & \vdots & \vdots \\ a_{1n} & a_{2n} & \cdots & a_{nn} \end{bmatrix} \begin{bmatrix} x_1 \\ x_2 \\ \vdots \\ x_n \end{bmatrix}
$$

という計算をしてみると，

$$
{}^t\boldsymbol{x}A\boldsymbol{x} = \sum_{j=1}^{n} x_j \left(\sum_{k=1}^{n} a_{jk} x_k \right) = \sum_{j=1}^{n} \sum_{k=1}^{n} a_{jk} x_j x_k
$$

となる．この形を 2 次形式と言う．

よって，一般の n 変数の 2 次式の 2 次部分が 2 次形式で表せ，一般の 2 次式を調べることは対称行列 A を調べることに帰着する．実対称行列は自己随伴作用素の性質より対角化可能なので (定理 5.14)，2 次式は行列の固有値でその性質がわかるのである．

また特に，この行列 A が「(半) 正定値」である，という仮定をおくことが多い．正定値とは任意の $\boldsymbol{x}$ について ${}^t\boldsymbol{x}A\boldsymbol{x} > 0$ (半正定値とは ${}^t\boldsymbol{x}A\boldsymbol{x} \geq 0$) となることである．これは固有値の言葉で言えば，固有値がすべて正 (非負) であるという条件である．固有値がすべて正ならば，適当に基底をとりなおすことによって，${}^t\boldsymbol{x}A\boldsymbol{x} = x_1^2 + \cdots + x_n^2$ と書けるので，特に都合が良い．

6.1.3　多変数関数と微分

多変数解析学とは，多次元の座標空間から座標空間への写像，すなわち多変

数関数を基本として，その性質や，より一般的な空間で定義された関数の性質を研究する分野である．

今，写像 $f:\mathbb{R}^n \to \mathbb{R}^m$ を考えよう．この f は以下のように，n 個の変数 $x_1,\ldots,x_n \in \mathbb{R}$ を m 個の実数値関数に写す写像である．

$$f:(x_1,\ldots,x_n) \mapsto (f^1(x_1,\ldots,x_n),\ldots,f^m(x_1,\ldots,x_n)).$$

ここで，$f^1,\ldots,f^m$ は $f(x_1,\ldots,x_n)\in\mathbb{R}^m$ の各成分であり，成分関数と言う．

ベクトルの言葉で言えば，f はベクトル $\boldsymbol{x}\in\mathbb{R}^n$ をベクトル $f(\boldsymbol{x})\in\mathbb{R}^m$ に写す写像である．このような写像のうち，線形性を持つもの，つまり線形写像については，我々は線形代数学によって非常によくわかっている．

そこで多変数関数を研究する上で基本になるのは，一般の関数を局所的に線形写像で近似する，というアイデアである．

1 変数の関数 $f:\mathbb{R}\to\mathbb{R}$ に対して，その微分

$$f'(a) = \lim_{\varepsilon\to 0}\frac{f(a+\varepsilon)-f(a)}{\varepsilon}$$

を考えたのだったが，これを言い換えれば，

$$\lim_{\varepsilon\to 0}\frac{f(a+\varepsilon)-f(a)-l(\varepsilon)}{\varepsilon} = 0$$

となる 1 次関数 $l:\mathbb{R}\to\mathbb{R}$ で f を局所的に近似したのだ，と考えられる．

これを多変数関数 $f:\mathbb{R}^n\to\mathbb{R}^m$ に一般化して，$\boldsymbol{a},\boldsymbol{\varepsilon}\in\mathbb{R}^n$ に対し，

$$\lim_{\boldsymbol{\varepsilon}\to\boldsymbol{o}}\frac{\|f(\boldsymbol{a}+\boldsymbol{\varepsilon})-f(\boldsymbol{a})-l(\boldsymbol{\varepsilon})\|}{\|\boldsymbol{\varepsilon}\|} = 0$$

となるような線形写像 $l:\mathbb{R}^n\to\mathbb{R}^m$ を考える (ここで $\|\cdot\|$ はユークリッドノルム)．実際，このようなものが存在すれば一意であり，これを f の $\boldsymbol{a}$ における微分と言い，$Df(\boldsymbol{a})$ と書く．

この $Df(\boldsymbol{a}):\mathbb{R}^n\to\mathbb{R}^m$ は線形写像だから，以下のように (m,n) 行列で成分表示できる．この行列を f の $\boldsymbol{a}$ におけるヤコビアン，もしくはヤコビ行列と言う．

$$Df(\boldsymbol{a}) = \begin{bmatrix} \frac{\partial f^1}{\partial x_1}(\boldsymbol{a}) & \frac{\partial f^1}{\partial x_2}(\boldsymbol{a}) & \cdots & \frac{\partial f^1}{\partial x_n}(\boldsymbol{a}) \\ \frac{\partial f^2}{\partial x_1}(\boldsymbol{a}) & \frac{\partial f^2}{\partial x_2}(\boldsymbol{a}) & \cdots & \frac{\partial f^2}{\partial x_n}(\boldsymbol{a}) \\ \vdots & \vdots & \vdots & \vdots \\ \frac{\partial f^m}{\partial x_1}(\boldsymbol{a}) & \frac{\partial f^m}{\partial x_2}(\boldsymbol{a}) & \cdots & \frac{\partial f^m}{\partial x_n}(\boldsymbol{a}) \end{bmatrix}.$$

ここで $\frac{\partial f^i}{\partial x_j}$ は関数 f の第 i 成分を，x_j の 1 変数関数と見て x_j だけで微分

したもの，つまり偏微分である．

さらに，1 変数関数 $f:\mathbb{R}\to\mathbb{R}$ に対して 2 階微分を考えて，f が局所的に上下に凸か，変曲点か調べたように，多変数関数 f についても 2 階微分の概念を一般化できる．ただし，この場合，f がスカラー値であるとき，つまり $f:\mathbb{R}^n\to\mathbb{R}$ のときを除いて行列の形には書けず，一般には (3 階の) テンソルになる．スカラー値のときには，

$$Hf(\boldsymbol{a}) = \begin{bmatrix} \frac{\partial^2 f}{\partial x_1^2}(\boldsymbol{a}) & \frac{\partial^2 f}{\partial x_1 \partial x_2}(\boldsymbol{a}) & \cdots & \frac{\partial^2 f}{\partial x_1 \partial x_n}(\boldsymbol{a}) \\ \frac{\partial^2 f}{\partial x_2 \partial x_1}(\boldsymbol{a}) & \frac{\partial^2 f}{\partial x_2^2}(\boldsymbol{a}) & \cdots & \frac{\partial^2 f}{\partial x_2 \partial x_n}(\boldsymbol{a}) \\ \vdots & \vdots & \vdots & \vdots \\ \frac{\partial^2 f}{\partial x_n \partial x_1}(\boldsymbol{a}) & \frac{\partial^2 f}{\partial x_n \partial x_2}(\boldsymbol{a}) & \cdots & \frac{\partial^2 f}{\partial x_n^2}(\boldsymbol{a}) \end{bmatrix}$$

のように行列の形で書け，この $Hf(\boldsymbol{a})$ のことを，f の $\boldsymbol{a}$ におけるヘッシアン，もしくはヘッセ行列と言う．

ヘッセ行列は実対称行列だから定理 5.14 より対角化可能で，固有値によって調べられ，関数 f の局所的な 2 次の性質がわかる (前項 6.1.2 も参照).

6.1.4　多変数関数の積分と微分形式

多変数関数の積分の理論は非常に豊富な内容を持つが，以下では線形代数と密接に関係した 2 つの事実を紹介しよう．

1 つは積分の変数変換公式，もう 1 つは「微分積分学の基本定理」である．

1 変数の関数 $f:\mathbb{R}\to\mathbb{R}$ の積分 $\int_0^1 f(x)dx$ は，適当な条件の下で，関係 $x=u(t)$ によって変数 x から t に変換するとき，公式

$$\int_0^1 f(x)dx = \int_a^b f(u)\frac{du}{dt}dt = \int_a^b f(u(t))u'(t)dt$$

を用いて計算できるのだった．ここで $a=u^{-1}(0), b=u^{-1}(1)$ である．つまり，変数を x から t に変換すると，「微小な長さ」dx が $u'(t)dt$ へと $u'(t)$ 倍される．

この多変数化が考えられるが，問題はこの $u'(t)$ 倍の効果がどのような形になるかである．スカラー値の多変数関数 $f:\mathbb{R}^n\to\mathbb{R}$ の集合 $A\subset\mathbb{R}^n$ 上の積分，

$$\int\cdots\int_A f(\boldsymbol{x})d\boldsymbol{x} = \int\cdots\int_A f(x_1,\ldots,x_n)dx_1\cdots dx_n$$

を集合 $B\subset\mathbb{R}^n$ 上の関数 $u:B\to A$ によって変数 $\boldsymbol{x}$ から $\boldsymbol{t}=(t_1,\ldots,t_n)$ へと，$\boldsymbol{x}=u(\boldsymbol{t})$ のように変数変換したい．

適当な条件の下で，上の変換公式の多変数化が成り立ち，以下のようになる．

$$\int\cdots\int_A f(\boldsymbol{x})d\boldsymbol{x} = \int\cdots\int_B f(u(\boldsymbol{t}))|\det(Du(\boldsymbol{t}))|d\boldsymbol{t}.$$

ここに問題の項 $\det(Du(\boldsymbol{t}))$ は，変換関数 u のヤコビ行列 (第 6.1.3 項参照) の行列式である．

これは「微小な体積」$dx_1\cdots dx_n$ が変換関数 u の局所的な近似である線形写像 Du によって，その行列式倍に写される，ということを示している．適当な条件の下で，行列式はその固有値の積であり，この写像は固有ベクトルの方向に固有値倍するのだったから，非常にもっともらしい結果である．

次は「微分積分学の基本定理」の多変数化を考えよう．1 変数関数 $f:\mathbb{R}\to\mathbb{R}$ については，適当な条件の下で，

$$\int_a^b f'(x)\,dx = f(b) - f(a)$$

が成り立つ．これは微分と積分を表裏一体に結びつける重要な関係であり，「微分積分学の基本定理」と呼ばれる．

多変数関数においてもこの一般化にあたる関係が成立し，通常は「ストークスの定理」と呼ばれている．以下がその抽象的な表現である．

$S\subset\mathbb{R}^n$ を領域，∂S をその境界，ω を A 上の $(n-1)$ 次の微分形式，$d\omega$ をその外微分とするとき，

$$\int_S d\omega = \int_{\partial S}\omega$$

が成り立つ．

ここで領域，境界の厳密な定義と条件や，微分形式とその外微分については説明しないが，この公式の解釈は「ω の微分 $d\omega$ をある領域 S で積分した値は，その境界 ∂S で元の量 ω を積分したものに等しい」であり，まさに上の微分積分学の基本定理の一般化になっている．

また，微分形式は交代性を持つ積 (外積) を表す記号 “$\wedge$” を用いて

$$\omega = \sum_{i_1,\ldots,i_k}\xi^{i_1,\ldots,i_k}dx_{i_1}\wedge\cdots\wedge dx_{i_k}$$

のように書かれる共変交代テンソルであり，外微分の操作も線形代数と密接な関係にある (実際，外積代数 (p.122) で整理される)．このように線形代数は多変数化で現れる複雑な数学的構造を記述するのに威力を発揮する．

6.1.5　無限次元の線形代数としての関数解析

$[0,1]$ 区間上の 2 乗可積分な実数値関数の空間 $L^2([0,1])$ は内積

$$\langle f,g\rangle=\int_0^t f(t)g(t)dt$$

が定義できる内積空間なのだった (例 5.6). 実はこの L^2 空間は，極限の議論が使える完備性という良い性質を持つヒルベルト空間 (p.131) である.

有限次元線形空間には基底が存在し，任意のベクトルがこの基底の線形結合で一通りに書けたが，内積空間ならば正規直交基底が存在し，より綺麗で便利な形に書けるのだった. ヒルベルト空間も「可分」という性質を持てば，可算個の正規直交基底を持ち，任意の元がこの線形結合で一通りに書ける.

これによって，関数を特別に簡単な関数たちで線形結合に展開する，ということが可能になる. L^2 空間は可分なヒルベルト空間なので，まさにこのアイデアが実現できる (フーリエ解析の L^2 理論).

つまり，正規直交基底となる可算個の関数の組，$f_1,f_2,\ldots\in L^2([0,1])$ が存在して，任意の $f\in L^2([0,1])$ が，

$$f(t)=\sum_{j=1}^{\infty}a_jf_j(t)$$

と (ある意味で) 一通りに書ける. ここで正規直交基底は，

$$\langle f_i,f_j\rangle=\int_0^1 f_i(t)f_j(t)dt=\delta_{ij}$$

を満たしていて，上の展開式の各係数 $a_1,a_2,\ldots$ は，

$$a_j=\langle f,f_j\rangle=\int_0^1 f(t)f_j(t)dt$$

で求められるわけである. 区間の両端での関数の値が等しい場合に，この正規直交基底として特に三角関数をとったものが，いわゆるフーリエ級数展開である.

ヒルベルト空間は一般には無限次元であるから，この無限個の関数の和の収束を正しく扱う必要があるが，まさに無限次元の線形代数として関数を研究することができる.

6.2　微分幾何学

6.2.1　点の運動と曲線の微分幾何

3 次元ユークリッド空間 $\mathbb{R}^3$ の中の曲線を媒介変数 (パラメータ) $t\in\mathbb{R}$

で表示されたベクトル $\boldsymbol{x}(t) = (x(t), y(t), z(t))$ と見る．これは時間 t に $(x(t), y(t), z(t))$ の位置にある運動を表したとも思える．よって，曲線の幾何学を調べることは点の運動の研究でもあり，特に重要である．

上の $\boldsymbol{x}(t)$ を時刻 t での点の位置を表しているベクトル，すなわち位置ベクトルと見たとき，その各変数をパラメータ t で微分したもの，つまり，

$$\boldsymbol{v}(t) = \frac{d}{dt}\boldsymbol{x}(t) = (x'(t), y'(t), z'(t))$$

のことを速度ベクトルと言う．

ここまでパラメータ t は勝手に決めていたが，適当に変数変換 $s = f(t)$ して，速度ベクトルの長さ (ノルム) が 1 になるようにしておくと計算上，都合が良い．つまり，

$$\|\boldsymbol{v}(s)\| = \sqrt{x'(s)^2 + y'(s)^2 + z'(s)^2} = 1$$

になるようにパラメータ s をとる．我々は曲線の「形」に興味を持っているのだから，パラメータはどのようにとってもよいことに注意せよ．

実は速度ベクトルの長さを 1 とするパラメータのとり方は，曲線に沿った「長さ」をパラメータにとることになっている．実際，「(速さ) × (時間) = (距離)」の関係を一般化して，曲線 $\boldsymbol{x}(s)$, $(a \leq s \leq b)$ の長さ l が

$$l = \int_a^b \sqrt{x'(s)^2 + y'(s)^2 + z'(s)^2} ds = \int_a^b ds = b - a$$

で与えられる．

曲線の曲がり具合を表すのは運動が方向を変えていく割合だから，つまり速度ベクトル $\boldsymbol{v}(s)$ の変化率 (微分) である以下の加速度ベクトル $\boldsymbol{a}$ である．

$$\boldsymbol{a}(s) = \frac{d}{ds}\boldsymbol{v}(s) = \frac{d^2}{ds^2}\boldsymbol{x}(s) = (x''(s), y''(s), z''(s)).$$

この加速度ベクトルの長さ $\kappa = \kappa(s) = \|\boldsymbol{a}(s)\|$ を，この曲線の (位置 $\boldsymbol{x}(s)$ での) 曲率と言う．つまり曲率が大きいほど，曲線はその場所で大きく方向を変えており，より強く曲がっている，と考えられる．

パラメータは，$\|\boldsymbol{v}(s)\|^2 = 1$ であるようにとってあるから，

$$0 = \frac{d}{ds}\|\boldsymbol{v}(s)\|^2 = 2\left\langle \boldsymbol{v}(s),\ \frac{d}{ds}\boldsymbol{v}(s) \right\rangle = 2\langle \boldsymbol{v}(s), \boldsymbol{a}(s) \rangle$$

となって，速度ベクトル $\boldsymbol{v}(s)$ と加速度ベクトル $\boldsymbol{a}(s)$ は (位置 $\boldsymbol{x}(s)$ で) 直交していることに注意せよ．

よって，曲率 $\kappa > 0$ ならば，$\boldsymbol{e}_1(s) = \boldsymbol{v}(s)$, $\boldsymbol{e}_2(s) = \boldsymbol{a}(s)/\kappa$ とおけば，この 2 つは直交する長さ 1 のベクトルであり，外積 “$\wedge$” を

$$(a_1, a_2, a_3) \wedge (b_1, b_2, b_3) = (a_2b_3 - a_3b_2,\ a_3b_1 - a_1b_3,\ a_1b_2 - a_2b_1)$$

で定めれば，$\boldsymbol{e}_3(s) = \boldsymbol{e}_1(s) \wedge \boldsymbol{e}_2(s)$ とあわせて，$(\boldsymbol{e}_1(s), \boldsymbol{e}_2(s), \boldsymbol{e}_3(s))$ は (位置 $\boldsymbol{x}(s)$ における) 正規直交基底である.

このように，運動と一緒に移動する正規直交基底は非常に便利で，例えば，以下の「フレネ-セレの公式」がその応用の 1 つである.

上の正規直交関係より，任意の $i, j = 1, 2, 3$ について，

$$0 = \frac{d}{ds}\langle \boldsymbol{e}_i(s), \boldsymbol{e}_j(s)\rangle = \langle \boldsymbol{e}_i'(s),\ \boldsymbol{e}_j(s)\rangle + \langle \boldsymbol{e}_i(s),\ \boldsymbol{e}_j'(s)\rangle$$

が成り立つことに注意すれば，曲率の他に微分で現れる量 $\tau(s)$ も導入して，

$$\begin{bmatrix} \boldsymbol{e}_1'(s) \\ \boldsymbol{e}_2'(s) \\ \boldsymbol{e}_3'(s) \end{bmatrix} = \begin{bmatrix} 0 & \kappa(s) & 0 \\ -\kappa(s) & 0 & \tau(s) \\ 0 & -\tau(s) & 0 \end{bmatrix} \begin{bmatrix} \boldsymbol{e}_1(s) \\ \boldsymbol{e}_2(s) \\ \boldsymbol{e}_3(s) \end{bmatrix}$$

となる．これをフレネ-セレの公式といい，量 $\tau(s)$ のことを捩率 (れいりつ) と呼ぶ．実は，曲率と捩率と (初期条件と) で $\mathbb{R}^3$ 内の曲線 $\boldsymbol{x}(s)$ の形が決まってしまうことが，線形代数と微分方程式論を適用すればすぐにわかる.

このように図形の局所的な性質を微分と線形代数を用いて調べ，それを積分と線形代数によってつなぎあわせて，図形全体の大域的な性質を調べる，ということが微分幾何学の基本的な発想である.

6.2.2　曲面の微分幾何

3 次元ユークリッド空間 $\mathbb{R}^3$ の中の曲面を 2 つのパラメータ $s, t \in \mathbb{R}$ によってベクトル $\boldsymbol{x}(s,t) = (x(s,t),\ y(s,t),\ z(s,t))$ として表示する.

曲線の場合に局所的にその接線を考えたように，曲面の場合にはその接平面を考えることが基本になる．この 2 次元の接平面を張る基底として，パラメータ t を定数だと思って s で (偏) 微分したものと，パラメータ s を定数だと思って t で (偏) 微分したものの組，すなわち，

$$(\partial_s \boldsymbol{x},\ \partial_t \boldsymbol{x}) = \left(\frac{\partial \boldsymbol{x}}{\partial s}(s,t),\ \frac{\partial \boldsymbol{x}}{\partial t}(s,t)\right)$$

をとる．上式の左辺は右辺の略記である.

今，この曲面内の曲線 $\boldsymbol{c}(u) = \boldsymbol{x}(s(u), t(u))$ を考えよう．ここで u はパラ

メータであって，$a \leq u \leq b$ の範囲を動くとする．前項で見たように，この曲線の長さ l は，$\|\cdot\|$ をユークリッドノルムとして，

$$l = \int_a^b \left\| \frac{d\boldsymbol{x}}{du}(u) \right\| du$$

で与えられるが，この被積分関数は，

$$\frac{d\boldsymbol{x}}{du} = \frac{\partial \boldsymbol{x}}{\partial s}\frac{ds}{du} + \frac{\partial \boldsymbol{x}}{\partial t}\frac{dt}{du} = (\partial_s \boldsymbol{x})\frac{ds}{du} + (\partial_t \boldsymbol{x})\frac{dt}{du}$$

より，

$$\left\| \frac{d\boldsymbol{x}}{du} \right\| = \sqrt{\langle \partial_s \boldsymbol{x}, \partial_s \boldsymbol{x} \rangle \left(\frac{ds}{du}\right)^2 + 2\langle \partial_s \boldsymbol{x}, \partial_t \boldsymbol{x} \rangle \frac{ds}{du}\frac{dt}{du} + \langle \partial_t \boldsymbol{x}, \partial_t \boldsymbol{x} \rangle \left(\frac{dt}{du}\right)^2}$$

と書けるから，以下の対称行列

$$\begin{bmatrix} E & F \\ F & G \end{bmatrix} = \begin{bmatrix} \langle \partial_s \boldsymbol{x}, \partial_s \boldsymbol{x} \rangle & \langle \partial_s \boldsymbol{x}, \partial_t \boldsymbol{x} \rangle \\ \langle \partial_s \boldsymbol{x}, \partial_t \boldsymbol{x} \rangle & \langle \partial_t \boldsymbol{x}, \partial_t \boldsymbol{x} \rangle \end{bmatrix}$$

から作られた形式的な (つまり正確な定義はさておき形としての)2 次形式

$$\mathrm{I} = \|d\boldsymbol{x}\|^2 = \langle d\boldsymbol{x},\, d\boldsymbol{x} \rangle = E ds\, ds + 2F ds\, dt + G dt\, dt$$

が，この曲線の長さを計算するための基本的な情報であり，また，この曲面の幾何にとっても本質的な量であろうと予想される．この I のことを，この曲面の第 1 基本形式と呼ぶ．

前項の曲線の場合にも考えたように，各点での直交基底をとることが本質的である．今の場合は，既に接平面に 2 つの独立なベクトル $\partial_s \boldsymbol{x}$ と $\partial_t \boldsymbol{x}$ があるので，この 2 つに直交する単位長さのベクトルを，前項と同様に外積 $\partial_s \boldsymbol{x} \wedge \partial_t \boldsymbol{x}$ をそのノルムで割って作ることができる．これを $\boldsymbol{e}$ として $\mathrm{II} = -\langle d\boldsymbol{x},\, d\boldsymbol{e} \rangle$ と定義した形式的な 2 次形式を，この曲面の第 2 基本形式と言う．

前項の曲線の場合から想像されるように，この量は接平面を張るベクトルの変化であるから，曲面の曲がり具合の情報を握っている．実際，この第 2 基本形式を定義する対称行列 (と第 1 基本形式の対称行列) の性質から，色々な曲率が定義されるのである．

曲線の場合と同様に，曲面の局所的な構造はこの第 1，第 2 基本形式を通して，微分と線形代数によって調べられ，それを積分と線形代数によってつなぎあわせることによって，大域的な性質を研究できる．

6.2.3 外在的な幾何から内在的な幾何 (リーマン幾何) へ

前項で曲面の曲がり具合を調べるための基本的な量として，第 1 基本形式と

第 2 基本形式を定義したが，この 2 つの間には大きな違いがある．

それは，第 1 基本形式は (局所的には) 曲面の「中の」量である一方で，第 2 基本形式は接平面に直交するベクトルを使って定義されているため，考えている曲面の「外の」量を含んでいることである．前者を「内在的」な情報，後者を「外在的」な情報などと言う．外在的な情報を定義するためには，考えている曲面を含んでいる空間，例えばユークリッド空間を容れ物として必要とするが，内在的な量はその曲面自体で独立して定義できる．

問題は，幾何学の研究のうちどれだけのことが内在的な量だけで可能なのかだが，その歴史的な転換点は，ガウスによる「驚異の定理」(1825, 1827) だろう．前項の最後に，第 2 基本形式によって色々な曲率が定義されると書いたが，このうちガウス曲率と呼ばれる量が最も重要かつ基本的な量である．ガウスの「驚異の定理」は，この第 2 基本形式から定義されるはずのガウス曲率が，実は第 1 基本形式だけから導けることを証明したものである．

これによって，内在的な量である第 1 基本形式だけを用いて幾何学を考える，現代的な微分幾何学，つまりリーマン幾何への道が開かれた．リーマン幾何では前項で見た第 1 基本形式を決める対称行列を一般化したリーマン計量の概念を基本にして，曲線や曲面の一般化であるリーマン多様体を研究する．リーマン幾何学においても，多変数解析学の他，線形代数が理論構築の基盤として，また研究の道具として，重要な働きをすることは言うまでもない．

6.3　代数学

6.3.1　複素数と 4 元数の行列表現

高校までの数学では，「数」として自然数，整数，有理数，実数，複素数を学ぶのだが，より高い視点からすれば，これらは何らかの演算について閉じている集合である (つまり，演算の結果がまたその集合の元になる)．さらに抽象的に言えば，何らかの代数的な構造を持つ集合であり，これらの性質を研究するのが代数学である．

通常，このような新しい「数」や「代数的な構造」は演算の法則によって抽象的に定義されるが，しばしば，行列がその具体的な形による直観を与えてくれる上に，線形代数を応用することができる．

例えば，複素数を以下のように (実数が成分の) 行列で表現できる．虚数単位

を i と書いて，複素数 $a+bi \in \mathbb{C}$, $(a, b \in \mathbb{R})$ に対し，

$$a+bi \longleftrightarrow \begin{bmatrix} a & -b \\ b & a \end{bmatrix}$$

によって $(2,2)$ 行列を対応させる．

このとき，$a+bi$, $c+di$ に対応する行列の積を計算してみると，

$$\begin{bmatrix} a & -b \\ b & a \end{bmatrix} \begin{bmatrix} c & -d \\ d & c \end{bmatrix} = \begin{bmatrix} ac-bd & -(ad+bc) \\ ad+bc & ac-bd \end{bmatrix}$$

となって，確かに複素数の積

$$(a+bi)(c+di) = (ac-bd) + (ad+bc)i$$

と対応している (一般に行列の積は非可換だが，この形の行列に関しては可換である)．和や差についても同様であるし，商や逆数についても対応が確認できる．また，一度このように行列で書いてみると，複素数をかけることは 2 次元平面での回転と対応していることも見てとれる．

この対応で用いた行列を少し変形して，新たな仲間も以下のように加えてみる．

$$E = \begin{bmatrix} 1 & 0 \\ 0 & 1 \end{bmatrix}, \quad I = \begin{bmatrix} i & 0 \\ 0 & -i \end{bmatrix}, \quad J = \begin{bmatrix} 0 & 1 \\ -1 & 0 \end{bmatrix}, \quad K = \begin{bmatrix} 0 & i \\ i & 0 \end{bmatrix}.$$

つまり，$a, b, c, d \in \mathbb{R}$ に対して，

$$aE + bI + cJ + dK = \begin{bmatrix} a+bi & c+di \\ -(c-di) & a-bi \end{bmatrix}$$

という「数」を対応させる．この E, I, J, K について，

$$I^2 = J^2 = K^2 = -E,$$

$$IJ = -JI = K, \quad JK = -KJ = I, \quad KI = -KI = J,$$

が成り立つことが確認できるから，実数 a, b と虚数単位から複素数 $a+bi$ という数が作れたように，この法則のもとで，実数 a, b, c, d と，I, J, K に対応する「単位」$\boldsymbol{i}, \boldsymbol{j}, \boldsymbol{k}$ から $a + b\boldsymbol{i} + c\boldsymbol{j} + d\boldsymbol{k}$ という数が作れる．

この数のことを 4 元数と呼ぶ．4 元数はその表現からわかるように複素数を含んでいる．つまり，複素数が実数の拡張であったように複素数の拡張である．

ただし，実数や複素数と異なって，4 元数は可換でない．また 4 元数は，複素数が 2 次元の回転と対応していたほど直接的にではないが，3 次元空間内の

回転と密接な関係がある [1].

6.3.2　対称性と群

前項で考えた複素数や 4 元数は「積」と「和」の 2 つの演算とその逆を持つが，より簡単な代数的構造として，その一方だけを持つものを考えることができ，この構造も深い内容と広い応用を持っている．それが以下の群である．

定義 6.1　群　集合 G の任意の 2 つの元の間に演算 "·" が定義され，以下の条件を満たしているとき，この G (または対 $(G, \cdot)$) のことを群と言う．

- (結合律) 任意の $g, h, k \in G$ について，$(g \cdot h) \cdot k = g \cdot (h \cdot k)$.
- (単位元) 単位元と呼ばれる特別な元 $e \in G$ が存在して，任意の $g \in G$ に対して，$g \cdot e = e \cdot g = g$.
- (逆元) 単位元 e と各 $g \in G$ に対して，$g \cdot g^{-1} = g^{-1} \cdot g = e$ となる g^{-1} が存在する．この g^{-1} を g の逆元と言う．

ここで，可換性，つまり，任意の $g, g' \in G$ について，$g \cdot g' = g' \cdot g$ が要請されていないことに注意せよ．特に可換性が成り立つ群を可換群，もしくはアーベル群と言う．また，群 G の部分集合 $H \subset G$ それ自体が同じ演算と単位元のもと群をなすとき，H を G の部分群と言う．

群の研究とは，広い意味での「対称性」の研究である．対称性は非常に普遍的な概念だから，数学はもちろん，応用分野でも様々なところで群が現れる．

高校まででで学んだ数はすべて可換なので，非可換なものは想像し難いが，行列の間には積が定義され，一般には非可換である．これから予想されるように，しばしば群を行列で表現することができ，このことは具体的な，もしくは幾何学的な直観を与えてくれる上に，線形代数を応用できる可能性がある．

例えば，ある記号 a について $a^4 = a \cdot a \cdot a \cdot a = 1$ が成り立つとすると，集合 $G' = \{1, a, a^2, a^3\}$ はこの積について群をなす．これに対して，以下のような 2 次元の写像を考える．

---

[1] この性質は 3 次元ヴィジョンを扱う技術，例えばゲームや仮想現実の分野のプログラミングで，便利に用いられている．

$$R = \begin{bmatrix} 0 & -1 \\ 1 & 0 \end{bmatrix} \quad \text{を用いて,} \quad \begin{bmatrix} x' \\ y' \end{bmatrix} = \begin{bmatrix} 0 & -1 \\ 1 & 0 \end{bmatrix} \begin{bmatrix} x \\ y \end{bmatrix}$$

と定義すると，この R は 2 次元平面での反時計周りに 90 度回転を表している．よって，$\{I, R, R^2, R^3\}$ の 4 つの元からなる集合は行列の積に関して群であり，上の群 G' の表現になっている．つまり，G' は 2 次元の 90 度回転のなす群という意味を持つ．

上の例は可換群だったが，非可換な例も 1 つ挙げておこう．(123) の並び換えである置換 (第 4.4.1 項参照) の全体 $\mathfrak{S}_3$ は，置換を続けて行う置換の合成について群をなす．これを対称群と言う (置換全体ではなく，その一部の置換からなる群は，置換群と言う).

このとき，$\sigma((123)) = (213)$ と $\sigma'((123)) = (132)$ に対し，$\sigma \circ \sigma'((123)) = (312), \sigma' \circ \sigma((123)) = (231)$ となるように，置換群は一般に可換でない．

一方，3 次元の座標空間において $(1,0,0), (0,1,0), (0,0,1)$ の 3 点に対応するベクトルは基底をなすから，それぞれをどれに写すかで $3! = 6$ 通りの線形写像が，各々ただ 1 つずつ決まる．これらの行列表現である 6 つの行列からなる群ができて，これは $\mathfrak{S}_3$ の 1 つの表現である．

6.3.3 解析学と幾何学と代数学の交わり：線形リー群

前項では，有限個の元を持つ群を例として挙げたが，もちろん無限個の元を持つ群や，さらには連続なパラメータを持つ群もありうる．例えば，前項では平面での 90 度 つまり $\pi/2$ の倍数だけの回転を考えたが，以下の一般の角度 θ の回転全体 R も群をなすことが簡単に確認できる．

$$R = \left\{ g_\theta = \begin{bmatrix} \cos\theta & -\sin\theta \\ \sin\theta & \cos\theta \end{bmatrix} : 0 \leq \theta < 2\pi \right\}.$$

これらの行列の 4 つの成分を座標だと思えば，R は連続なパラメータ θ で描かれた図形でもある．よって，R は群でもあり，図形でもあり，また解析学も使える．このようなものが非常に豊かな研究対象であることは明らかだろう．

特に以下の線形リー群はその基本になる構造である．まず，複素数を成分に持ち可逆な (n,n) 行列の全体は行列の積に関して群をなすことに注意して，これを $GL(n, \mathbb{C})$ と書く．

定義 6.2　線形リー群　$GL(n,\mathbb{C})$ の部分群 G で，極限について閉じているもの，つまり，任意の $g_1, g_2, \ldots \in G$ について

$$\lim_{j\to\infty} g_j = g \in GL(n,\mathbb{C}) \quad ならば \quad g \in G$$

となる G のことを，(n 次の) 線形リー群と言う．

上の 2 次元の回転全体のなす群 R は，$GL(2,\mathbb{C})$ の部分群だから，2 次の線形リー群である．この他にも，2 次の線形リー群はたくさんある．例えば，実数を成分に持ち可逆な $(2,2)$ 行列全体もそうだし，また，行列の積の行列式が各行列の行列式の積に等しいことを思い出せば，行列式が 1 に等しい複素 (または実) (2, 2) 行列全体も 2 次の線形リー群である．

このような代数と幾何と解析の共通部分にあり，理論応用の両面で非常に重要かつ豊かな対象の，そのまた中心に線形代数がある．

6.4　応用的な数学

6.4.1　多変量と共分散

ランダムな値をとるような関数 X を確率変数と言う．確率変数の正確な定義は，ある確率空間から可測空間への可測関数であるが，そのためには多くの言葉の準備を必要とするため，とりあえず，ある集合 Ω から $\mathbb{R}$ への写像であって，Ω 上で定義された確率 P と結びつけられたもの，としておく．

応用面では，複数の確率変数の間にどのような関係があるかに興味がある場合が多い．つまり，確率変数の組 $(X_1, X_2, \ldots, X_n)$ の性質を調べたい．

実数に値をとる確率変数の組 $\boldsymbol{X} = (X_1, X_2, \ldots, X_n)$ は，n 次元ユークリッド空間 $\mathbb{R}^n$ に値をとるベクトル値の確率変数 $\boldsymbol{X} : \Omega \to \mathbb{R}^n$ だと考えられる．このとき，この確率変数を性質を表す基本的な量として，期待値と共分散がある．

この期待値 (ベクトル) は各座標の期待値で，

$$\boldsymbol{m} = E[\boldsymbol{X}] = (E[X_1], \ldots, E[X_n]) = (m_1, \ldots, m_n)$$

で定義されるベクトル値 $\boldsymbol{m} \in \mathbb{R}^n$ だが，分散の方は，X_i と X_j の関係にも興味があるから，各 $i, j = 1, \ldots, n$ について

$$v_{ij} = V[X_i, X_j] = E[(X_i - m_i)(X_j - m_j)]$$

て定義される v_{ij} を成分に持つ行列 (v_{ij}) を考える．この (n,n) 行列を $\boldsymbol{X}$ の共分散行列，または単に共分散と言う．

この共分散行列の性質を調べることが，この複数の確率変数 $X_1, \ldots, X_n$ の関係性を調べる第一歩になる．その重要な手掛かりとしては，まず，共分散 $V[X_i, X_j]$ が内積に似た性質を持つこと，特に双線形性 (定義 4.1) を持つことである．実際，

$$
\begin{aligned}
V[aX+bY,Z] &= E[((aX+bY)-E[aX+bY])(Z-E[Z])] \\
&= E[(a(X-E[X])+b(Y-E[Y]))(Z-E[Z])] \\
&= aE[(X-E[X])(Z-E[Z])]+bE[(Y-E[Y])(Z-E[Z])] \\
&= aV[X,Z]+bV[Y,Z].
\end{aligned}
$$

そして第二に，共分散行列は対称行列である，すなわち，任意の i,j について $v_{ij}=v_{ji}$ であることである．この性質から共分散行列は対角化可能なので (定理 5.14)，固有値と固有ベクトルによって詳しく調べられる．

このように，複数の確率変数を扱う多変量解析の分野においても，線形代数は基盤であり，基本的なツールでもある．

6.4.2 つながりの分析とマルコフ連鎖

n 個のもののうち，その 2 つずつの間に何らかの関係がある，という状況を調べたいことがある．例えば，n 人のメンバのあいだに，「互いに知り合いである」という関係を考えよう．

各メンバを $1,\ldots,n$ の自然数で番号をつけて表し，i 番目のメンバと j 番目のメンバが互いに知り合いであるとき $a_{ij}=1$，そうでないとき $a_{ij}=0$ と定義する．自分自身とは知り合いでないと約束しておこう (つまり，任意の i について $a_{ii}=0$)．これによって，この関係が (n,n) 行列で表現されたことになる．このように，互いの関係を行列で表現したものを隣接行列と言う．

隣接行列はこの関係について知るべき情報をすべて持っていて，しかも，線形写像として表現されていることから，この関係を調べる強力な手法になる．

例えば，5 人のメンバの知り合い関係が以下の行列で表せたとしよう．

$$A=(a_{ij})=\begin{bmatrix}0&1&1&0&0\\1&0&1&0&0\\1&1&0&1&0\\0&0&1&0&1\\0&0&0&1&0\end{bmatrix}.$$

この A の 2 乗 A^2 を計算してみると，

$$A^2=\left(\sum_{k=1}^{5}a_{ik}a_{kj}\right)=\begin{bmatrix}2&1&1&1&0\\1&2&1&1&0\\1&1&3&0&1\\1&1&0&2&0\\0&0&1&0&1\end{bmatrix}$$

となるが，この各成分は i 番目のメンバから j 番目のメンバへ，「知り合いの知り合い」でたどれる方法の数になっている．これは，行列の積の定義がまさにこの方法の数の勘定になっているからである．

同様にして，N ステップでつながれるメンバ，N ステップ以下でつながれるメンバ，知り合いをたどってつながれないメンバの数などが計算できる．

行列の N 乗は計算が難しそうだが，この行列は対称行列なので対角化可能で (定理 5.14)，固有値が求まれば簡単に計算できる (演習問題 0.10 のヒント)．また，N 乗の計算を別にしても，固有値分解はこの関係性について本質的な情報を与えてくれる．

上の例では 1 つの集団のメンバ間の関係を考えたが，2 つの集団のメンバの間の関係を考えたいときもある．このときは正方行列とは限らないので，固有値分解はできないが，その一般化概念である特異値分解を用いて，やはり色々な情報を得ることができる．特に，行列を何らかの簡単な行列の積に分解する，という「行列分解」の視点が関係性の研究には重要である．我々が既に知っている対角化や上三角化，ブロック上三角化も行列分解の例である．

以上では，「関係がある」または「ない」の 2 通りだけを 1,0 の成分で表した行列を考えたが，もちろん，関係の深さや程度を表す「重み」を成分にすることも考えられる．また，「互いに知り合い」のように対称的でない関係の場合には，対称行列にならない．このような一般的な行列の中で，特に重要で内容豊かな概念は，以下の遷移行列である．

今，n 個の「状態」があって，一定時間毎に，その i 番目の状態から j 番目の状態へと確率 p_{ij} で遷移 (移行) していくモデルを考えよう．すると，i 番目から (自分自身へも含め) どこかの状態に遷移する確率は合計で 1 だから，各 i について，

$$\sum_{j=1}^{n} p_{ij} = 1, \quad (0 \leq p_{ij} \leq 1)$$

を満たすような行列 $P = (p_{ij})$ がすべての情報を握っていることになる．このようなモデルをマルコフ連鎖と言う．次の状態に遷移する確率が今の状態だけで決まっている，という性質をマルコフ性と呼ぶので，その連鎖の意味でマルコフ連鎖と呼ぶのである．

マルコフ連鎖に対し，十分に時間が経てば各状態の上にどのような確率で分布するようになるか，それにはどの程度の時間が必要か，などが主な興味になるが，やはり遷移行列 P を固有値で調べることが基本ツールになる．

6.4.3 線形計画問題と半正定値問題

複数の資源を複数の対象に割り当てて成果を最大化したいという問題で，その制約条件と最大化する目的関数の両方が変数と係数の線形結合の不等式と等式で表せるものを，線形計画問題と言う．

例えば，バターケーキ x 個とカップケーキ y 個を作って，その売上 $ax + by$ を最大化したい．それぞれを作るための材料は，どちらもバター，小麦粉，砂糖だが，ケーキの種類によって必要な分量が違い，バターケーキは 1 個あたりそれぞれ a_1, a_2, a_3 グラム，カップケーキは 1 個あたりそれぞれ b_1, b_2, b_3 グラム使う．そして，もちろん各材料は決まった量しかないので，

$$a_1 x + b_1 y \leq c_1, \quad a_2 x + b_2 y \leq c_2, \quad a_3 x + b_3 y \leq c_3$$

という条件を満たさなければならない．つまり，行列とベクトルで書けば，

$$\begin{bmatrix} a_1 & b_1 \\ a_2 & b_2 \\ a_3 & b_3 \end{bmatrix} \begin{bmatrix} x \\ y \end{bmatrix} \leq \begin{bmatrix} c_1 \\ c_2 \\ c_3 \end{bmatrix}, \quad \begin{bmatrix} 0 \\ 0 \end{bmatrix} \leq \begin{bmatrix} x \\ y \end{bmatrix}$$

の制約条件のもとで，目的関数 $L(x, y) = ax + by$ を最大化せよ，という線形計画問題である (ここで "$\leq$" は各要素について成立するという意味)．

一見このような問題はやさしく思われる．しかし，応用上は製品が 1 万種類

あり，それぞれが 3 万種類の部品から製造されている，などのケースが稀ではない．このような場合は，極めて高次元の超多面体の中で目的関数を最大化しなければならないので，大変な計算量になってしまう．そのため大規模な線形計画問題を高速に解くための解法 (線形計画法) が色々と研究されている．

線形計画法は非常に広い応用範囲を持つが，それでも本質的には線形な世界に限られることが弱点ではある．そこで，2 次の世界の最適化問題である，以下の半正定値問題が考えられている．

ベクトル変数 $\boldsymbol{x}_1, \ldots, \boldsymbol{x}_n$ に対する線形な制約条件の代わりに，

$$\sum_{i,j=1}^{n} a_{ij}^{k} \langle \boldsymbol{x}_i, \boldsymbol{x}_j \rangle \leq c_k, \quad (k = 1, \ldots m)$$

と (ユークリッド) 内積を用いた式の条件をおく．そして，目的関数も

$$L(\boldsymbol{x}_1, \ldots, \boldsymbol{x}_n) = \sum_{i,j=1}^{n} b_{ij} \langle \boldsymbol{x}_i, \boldsymbol{x}_j \rangle$$

のように内積で定義する (制約条件も目的関数も 2 次式であることに注意).

これを以下のように一見，線形の世界に押し込むのがアイデアである．今，$G = (\langle \boldsymbol{x}_i, \boldsymbol{x}_j \rangle)_{1 \leq i,j \leq n}$ という内積たちからなる行列を考える．この形の行列をグラム行列と言う．(n, n) 実行列 $S = (s_{ij})$, $T = (t_{ij})$ に対して，

$$\langle S, T \rangle = \sum_{i,j=1}^{n} s_{ij} t_{ij}$$

と書くことにすると，上の最適化問題は，行列 $A_k = (a_{ij}^{k})_{1 \leq i,j \leq n}$, $B = (b_{ij})_{1 \leq i,j \leq n}$ について，

$$\langle A_k, G \rangle \leq c_k, \quad (k = 1, \ldots m)$$

の条件のもと，$L(G) = \langle B, G \rangle$ を最大化する G を求めよ，と書き換えられる．

これは実対称行列全体を線形空間として線形計画問題を書いたように見える．しかし，この G はグラム行列なので，単に実対称行列であるだけではなく半正定値行列である (p.144)．行列が半正定値であることは非線形な条件であり，実は 2 次の条件が組込まれているのである．

半正定値問題は，線形計画問題と異なって制約条件が超多面体をなさないが，凸錐という良い形になることから線形計画問題の手法を用いることができ，効率良く解くことができる．

参考文献

[1] 斎藤毅, 『線形代数の世界—抽象数学の入り口』, 東京大学出版会, (2007).

[2] 齋藤正彦, 『線型代数入門』, 東京大学出版会, (1966).

[3] 佐武一郎, 『線型代数学 (新装版)』, 裳華房, (2015).

[4] 杉浦光夫・横沼健雄, 『ジョルダン標準形・テンソル代数』, 岩波書店, (2002).

[5] 砂田利一, 『行列と行列式（１・２）』, 岩波書店, (1995).

[6] 松田修, 『ベクトル空間からはじめる抽象代数入門—群・体・テンソルまで』, 飯高茂監修, (2017).

[7] 森毅, 『線型代数—生態と意味』, 日本評論社, (1980).

[8] S. ラング, 『ラング 線形代数学 (上・下)』, 芹沢正三訳, ちくま学芸文庫, (2010).

[9] Axler, S., "Linear Algebra Done Right"(2nd ed.), Springer, (1997).

[10] Halmos, P.R., "Finite-Dimensional Vector Spaces" (2nd ed.), Dover, (2017).

[11] 小林昭七, 『曲線と曲面の微分幾何 (改訂版)』, 裳華房, (1995).

[12] コルモゴロフ-フォミーン, 『函数解析の基礎 (上・下) (原書第 4 版)』, 山崎三郎・柴岡泰光訳, 岩波書店, (1979).

[13] M. スピヴァック, 『多変数解析学—古典理論への現代的アプローチ』, 齋藤正彦訳, 東京図書, (1972).

[14] M. ツァピンスキ-E. コップ, 『測度と積分—入門から確率論へ』, 二宮祥一・原啓介訳, 培風館, (2008).

[15] 長野正, 『曲面の数学—現代数学入門』, 培風館, (1968).

[16] W. フェラー, 『確率論とその応用 I (上・下)』, 河田龍夫監訳, ト部・矢部・池守・大平・阿部訳, 紀伊國屋書店, (1961).

[17] 松本幸夫, 『多様体の基礎』, 東京大学出版会, (1988).

[18] 山内恭彦・杉浦光夫, 『連続群論入門 (新装版)』, 培風館, (2010).

索 引

欧文

あ行

か行

さ行

た行

な行

は行

ま行

や行

ら行

わ行

著者紹介

原　啓介　博士（数理科学）

1991 年　東京大学教養学部基礎科学科第一卒業

1996 年　東京大学大学院数理科学研究科博士課程修了

立命館大学教授，株式会社 ACCESS 勤務などを経て

現　在　Mynd 株式会社取締役

「測度・確率・ルベーグ積分―応用への最短コース」（講談社）

本書のサポートサイト：

https://sites.google.com/site/keisukehara2016/home/works/linear_alg

NDC411　174p　21cm

線形性・固有値・テンソル

〈線形代数〉応用への最短コース

2019 年 2 月 22 日　第 1 刷発行

2021 年 9 月 1 日　第 3 刷発行

著　者　原　啓介

発行者　髙橋明男

発行所　株式会社　講談社

〒 112-8001　東京都文京区音羽 2-12-21

販売　(03)5395-4415

業務　(03)5395-3615

編　集　株式会社　講談社サイエンティフィク

代表　堀越俊一

〒 162-0825　東京都新宿区神楽坂 2-14　ノービィビル

編集　(03)3235-3701

本文データ制作　藤原印刷株式会社

カバー・表紙印刷　豊国印刷株式会社

本文印刷・製本　株式会社　講談社

落丁本・乱丁本は，購入書店名を明記のうえ，講談社業務宛にお送りください．送料小社負担にてお取替えします．なお，この本の内容についてのお問い合わせは，講談社サイエンティフィク宛にお願いいたします．定価はカバーに表示してあります．

ISBN 978-4-06-514685-9